DAS ÖSTERREICHISCHE LEBENSMITTELBUCH
CODEX ALIMENTARIUS AUSTRIACUS

II. Auflage

Herausgegeben vom Bundesministerium für soziale Verwaltung,
Volksgesundheitsamt, im Einvernehmen mit der Kommission zur
Herausgabe des Codex alimentarius Austriacus

Vorsitzender: o. ö. Prof. Dr. Franz Zaribnicky

XVIII.-XIX. HEFT

EIER
UND EIKONSERVEN

REFERENT: HOFRAT MAG. PHARM. BERTRAM HIEMESCH

BUTTER

REFERENT: PROF. i. R. HOFRAT DR. WILLIBALD WINKLER

VERLAG VON JULIUS SPRINGER IN WIEN 1931

ISBN 978-3-7091-9717-2   ISBN 978-3-7091-9964-0 (eBook)
DOI 10.1007/978-3-7091-9964-0

Ausgegeben im April 1931

DAS ÖSTERREICHISCHE LEBENSMITTELBUCH
CODEX ALIMENTARIUS AUSTRIACUS

II. Auflage

Herausgegeben vom Bundesministerium für soziale Verwaltung, Volksgesundheitsamt, im Einvernehmen mit der Kommission zur Herausgabe des Codex alimentarius Austriacus

Vorsitzender: o. ö. Prof. Dr. Franz Zaribnicky

XVIII.
Eier und Eikonserven

Referent: Hofrat Mag. Pharm. *Bertram Hiemesch*
(Staatl. allg. Untersuchungsanstalt für Lebensmittel, Wien)

Auf den Verkehr mit **Eiern** und **Eikonserven** finden die allgemeinen, den Lebensmittelverkehr regelnden Rechtsnormen (hievon insbesondere das „Lebensmittelgesetz" vom 16. Jänner 1896, RGBl. Nr. 89 vom Jahre 1897, und die Ministerial-Verordnung vom 17. Juli 1906, RGBl. Nr. 142) Anwendung. Den Gegenstand dieses Kapitels betreffende Sonderbestimmungen sind nicht erlassen worden.

1. Beschreibung

A. Eier

Eier im weitesten Sinne sind jene Erzeugnisse des tierischen Körpers, die neben dem Keim für ein neues Lebewesen derselben Art einen entsprechenden Vorrat von Nährstoffen in sich schließen, mit dessen Hilfe sich das unter gewissen Voraussetzungen entstehende neue Individuum in der ersten Zeit seiner selbständigen Entwicklung am Leben erhält. Dieser bald größere, bald kleinere Vorrat von Nährstoffen ist auch für die menschliche Ernährung sehr wertvoll und wird ihr namentlich in der Form von Vogeleiern in bedeutendem Umfange dienstbar gemacht. Jedes frische Vogelei enthält im Innern das Eigelb, die eigentliche Eizelle oder Dotterkugel; sie ist gelb bis orangerot gefärbt, kugelig geformt und außen von einem zarten Häutchen, der Dottermembran, umschlossen. Mitunter finden sich auch ausnahmsweise zwei Dotter in einem Ei vor. Auf dem Dotter nimmt man die Stelle der Befruchtung, den sogenannten „Hahnentritt", als kleinen, andersfärbigen Fleck wahr. Die Dotterkugel wird von dem Eiweiß umgeben, an dem man drei Schichten unterscheiden kann: eine, der Dottermembran unmittelbar anliegende Schicht von geringem Durchmesser und zäher Konsistenz, die an den beiden Polen in die gedrehten, das übrige Eiweiß durchsetzenden Hagelschnüre („Chalazae") übergeht; eine zweite, ziemlich dicke Schicht von trübmilchigem Aussehen und endlich eine dritte, äußere, dünnflüssige Eiweißschicht. Das Ei wird von der Eischale umschlossen, deren Innenseite eine Schalenhaut bekleidet. Diese Schalenhaut besteht aus zwei zarten, fest aufeinander haftenden Blättern, die nur am stumpfen Pole des Eies auseinanderweichen und dort den sogenannten „Luftraum" bilden.

Die Kalkschale enthält eine große Menge von Poren, durch die, solange das Ei lebt, ein beständiger Austausch von Gasen stattfindet; das Ei atmet Kohlensäure und Wasserdampf aus und Sauerstoff ein. Die Wasserabgabe bringt es mit sich, daß in Eiern, die lange Zeit hindurch aufbewahrt worden sind, das Eiweiß nicht mehr den ganzen Hohlraum erfüllt: die innere elastische Eischale löst sich von der Kalkschale los und tritt zurück. So erklärt es sich, daß der Luftraum bei frisch gelegten Eiern klein ist, während er mit dem Altern des Eies an Ausdehnung zunimmt. Diese Ausdehnung des Luftraumes nimmt regelmäßig zu und vermag daher zur Bestimmung des Alters der Eier zu dienen. Die Schale ist bei den Eiern des Hausgeflügels einfarbig, reinweiß, gelblich oder bräunlich, die Kiebitzeier sind olivengrün oder braun mit dunklen unregelmäßigen Flecken, die Möveneier verschiedenartig getönt, vom reinsten Hellblau bis zum schwarzgesprenkelten Hellbraun.

Die äußere Schale des Eies besteht in der Hauptsache aus kohlensaurem Kalk neben einer geringen Menge anderer anorganischer Salze und durchschnittlich 3 bis 5% organischen Stoffen, das Eiweiß aus etwa 85% Wasser, 12 bis 13% Albumin, 0,25% Fett, Spuren von Traubenzucker und 0,5% Mineralstoffen, das Eigelb aus etwa 50% Wasser, 14 bis 16% Vitellin, Lezithin, Nuklein usw., 30 bis 35% Fett, geringen Mengen Cholesterin, Lutein, Traubenzucker usw., nebst ungefähr 1% Mineralstoffen. Die durchschnittliche Zusammensetzung des ganzen Eiinhaltes ist demgemäß annähernd folgende: 70 bis 75% Wasser, 12 bis 14% stickstoffhaltige Stoffe, 12 bis 13% Fett und rund 1% Mineralstoffe. Der Gehalt des Eiweißes an kohlensaurem Alkali verursacht seine alkalische Reaktion. Beim Kochen gerinnt es, das Alkalialbuminat wird starr und undurchsichtig. Das Eigelb verliert bei höherer Temperatur ebenfalls seine flüssige Konsistenz, ohne jedoch des bedeutenden Fettgehaltes halber so fest zu werden wie das Eiweiß.

Produktions- und Handelsverhältnisse. Unter „Eier" versteht man im Handel ausschließlich die der Haushühner. Die außerdem, wenn auch nur vereinzelt, vorkommenden Eier des anderen Hausgeflügels, der Gänse, Enten, Truthühner, Perlhühner und Pfauen, dann im April und Mai jene bestimmter wild lebender Vogelarten, des Kiebitz und einiger Mövenarten, pflegt man ausdrücklich als Gänse-, Enten-, Truthühner- usw. Eier in den Verkehr zu bringen. Die Eier der Perlhühner und der Kiebitze gelten als besondere Delikatesse; von den letzteren wird gewöhnlich nur der Dotter genossen; ihr Eiweiß, das nach dem Hartkochen eine glasige, durchscheinende Masse bildet, pflegt man nicht zu verzehren. An manchen Orten (z. B. in Niederösterreich) dürfen Kiebitzeier nicht verkauft werden.

Das Gewicht der Eier schwankt sehr stark; es beträgt beim Huhn 20 bis 70 g, bei der Ente 50 bis 80 g, bei der Gans 120 bis 180 g und beim Kiebitz 25 bis 33 g. Das gleiche gilt vom Gewicht der einzelnen Teile des Eies. Beim Hühnerei entfallen durchschnittlich auf die Schale 11,5%, auf das Eiweiß 58,5% und auf den Dotter 30% des Gewichtes. Auch der Nährwert ist innerhalb ziemlich weiter Grenzen verschieden. Er hängt von der Größe des Eies, und zwar absolut und relativ, von der Rasse, Fütterung und Legezeit, weiters auch vom Alter ab. Am besten bewertet man die Eier nach dem Gewichte. Das größte Gewicht zeigen die im Frühling gelegten Eier, ein geringeres die Sommereier und das kleinste jene, die im Spätherbst oder im Winter gelegt werden. Die Art des Futters ist für die Farbe und den Geschmack des Dotters maßgebend; freilaufende Hühner, die auch tierische Nahrung, wie Insekten, Würmer usw., verzehren, haben Eier mit rotgelbem Dotter, hauptsächlich mit Körnerfrüchten gefütterte Hühner dagegen Eier mit hellgelbem Dotter. Eier, denen die Kalkschale fehlt, bezeichnet man als „Windeier"; sie sind im übrigen völlig normal. Das Fehlen der Schale rührt von kalkarmer Nahrung und einer damit zusammenhängenden Erkrankung des Eierstockes der Hühner her.

Die Eier werden von den Einkäufern in den Produktionsgebieten — Steiermark, Tschechoslowakei, Polen und Jugoslawien haben neben Ungarn die größte Produktion — in kleineren Partien zusammengekauft und hierauf, meist ohne jede Sortierung, in Fässer oder Kisten verpackt, an die Händler gesendet. Solche ohne Umpackung und Auswahl auf die Eiermärkte gebrachte Ware nennt man „Originaleier". Sie wird erst an Ort und Stelle sortiert.

Der Versand der Eier erfolgt im börsenmäßigen Handel in Kisten zu 24 Schock (1440 Stück) oder in Flachkisten zu 12 Schock (720 Stück).

Die Brutfähigkeit der Eier kann bei sachgemäßer Aufbewahrung mit rund 3 Wochen bemessen werden. Während weiterer 3 bis 4 Wochen bleiben die Eier vollkommen konsumfähig; nach dieser Zeit tritt bereits eine starke und rasch zunehmende Beschränkung in ihrer Verwendbarkeit ein. Weil nun die Eierproduktion während der Wintermonate wesentlich zurückgeht, müssen die Eier, um den Bedarf des Marktes decken zu können, verschiedenen, auf die Unterdrückung des Wachstums der Fäulniserreger abzielenden Konservierungsverfahren unterworfen werden, deren wichtigste folgende sind: 1. Das Aufbewahren in Kühlräumen. Bei dieser Art der Konservierung werden die mit Eiern gefüllten Kisten bei einer Temperatur von $+0{,}5$ bis $+1{,}5^0$ C, entsprechenden Luftwechsel und einem Feuchtigkeitsgrade der Luft von 80 bis 90% aufgestapelt. Die Eier müssen vor dem Einbringen in den Kühlraum und vor dem Herausnehmen stets einige Zeit in eigenen Vorräumen langsam für die bevorstehende Temperaturänderung vorbereitet, also gekühlt oder angewärmt werden. 2. Das Einlegen in „Kalk". Zu diesem Zwecke bereitet man sich durch Löschen frisch gebrannten Kalkes eine dünne Kalkmilch. Die Eier legt man so in die Kalkmilch ein, daß die Flüssigkeitsschicht mehrere Zentimeter hoch über den Eiern steht. Auf diese Weise aufbewahrte Eier halten sich während vieler Wochen und sogar Monate unverdorben, nehmen jedoch schon bei einigermaßen längerer Aufbewahrung einen kalkigen Geschmack an, der ihre Verwendung zum unmittelbaren Genuß ausschließt. 3. Das Einlegen in eine verdünnte Lösung von Wasserglas (1 Teil Wasserglas von 1,3 bis 1,4 spezifischem Gewichte mit 8 bis 10 Teilen Wasser verdünnt). Das verwendete Wasserglas muß frei von Schwefelverbindungen sein. Die Verwendung von Sulfatwasserglas ist unzulässig. Auch diese Konservierungsart ist brauchbar, wird aber weniger im Großhandel als von einzelnen Geschäftsleuten, die für ihren Bedarf größere Eiermengen benötigen (z. B. Zuckerbäcker), benutzt. Für Konservierungszwecke werden überdies unter Phantasienamen noch zahlreiche andere Präparate vertrieben, die zum Teil verbotene Konservierungsmittel, wie Fluorverbindungen, Salizylsäure, Formaldehyd usw. enthalten. Gegenüber Geheimmitteln, die unter Phantasienamen in den Verkehr gelangen, ist Vorsicht geboten.

Man unterscheidet demnach im Handel nicht nur zwischen normalen und fehlerhaften, sondern auch zwischen frischen (nicht konservierten) und konservierten Eiern. Unter diesen verschiedenen Gesichtspunkten teilt man die Eier, wie folgt, ein:

A. Nach Art und Güte der Ware[1]):

1. Vollfrische Eier: Tee- oder Trinkeier: gleichmäßige, große, reinschalige Ware, bis zu 14 Tage alt. Beim Durchleuchten darf die Begrenzung der Luftkammer nicht auffallend sichtbar und muß in allen Teilen unbeweglich sein. Das Eiweiß ist vollkommen klar, der Dotter gleichmäßig durchscheinend, zentral gelegen und leicht beweglich. Der Luftraum hat etwa 12 mm Durchmesser. Am eröffneten Ei erscheint das Eiweiß wasserhell und klar, glasig-gallertig und im ganzen gut zusammenhängend. Der Dotter bildet eine weichelastische, zusammenhängende Kugel von hell- bis rötlichgelber Farbe, die sich nach dem Einschlagen des Eies nur wenig abplattet. Der Eiinhalt muß völlig geruchlos sein und rein und frisch schmecken.

2. Frische Eier: a) I. Qualität: Große, reinschalige Ware, über 2 bis 6 Wochen alt. Beim Durchleuchten ist die Luftkammer nur mäßig auffallend sichtbar, manchmal etwas seitlich gelegen und zeigt eine meist unbewegliche, häufig jedoch eine teilweise bewegliche Begrenzung. Der Luftraum hat etwa 20 mm Durchmesser. Die sonstige Beschaffen-

---

[1]) *Borchmann*: Amtliche Kontrolle des Marktverkehres in Eiern. Zeitschrift für Fleisch- und Milchhygiene, 1907, 17. Bd., S. 3.

heit ist ähnlich wie beim Trinkei; Eiweiß und Dotter sind indessen oftmals nicht ganz so zusammenhängend. Der Dotter plattet sich nach dem Einschlagen des Eies mehr oder weniger stark ab. Der Geschmack ist rein, aber weniger frisch. b) II. Qualität: Ungleich große, frische Ware oder weniger frische Ware, über 6 Wochen bis 4 Monate alt. Die frische, ungleich große Ware entspricht in ihrer Beschaffenheit vollfrischen oder frischen Eiern I. Qualität. Beim Durchleuchten der weniger frischen Ware ist die Luftkammer auffallend sichtbar, häufig ziemlich stark seitlich gelegen und zeigt eine meist in dem größeren Teile ihres Umfanges bewegliche, seltener unbewegliche Begrenzung. Der Luftraum hat einen Durchmesser von etwa 28 mm. Die sonstige Beschaffenheit ist ähnlich wie bei den frischen Eiern I. Qualität; Eiweiß und Dotter sind wenig zusammenhängend, der Dotter verliert allmählich die Kugelform, wird anstatt dessen breiter, erscheint nicht mehr völlig gleichmäßig und plattet sich nach dem Einschlagen des Eies scheibenförmig ab, darf aber nicht zusammenlaufen. Geruch und Geschmack sind etwas „alt", nicht mehr ganz rein.

Unter der Bezeichnung „frische Landeier" sind „vollfrische Eier" oder zumindest „frische Eier I. Qualität" und unter der Bezeichnung „Landeier" zumindest „frische Eier II. Qualität" zu verstehen.

3. „Abgetrocknete Eier" oder „Schwimmer": Unverdorbene Eier, 4 bis 6 Monate alt. Beim Durchleuchten ist die Luftkammer sehr stark und auffallend sichtbar, zieht meist seitlich dem spitzen Ende hin bis zum untersten Drittel des Eies. Sie zeigt eine wie Wasser bewegliche, nur selten an vereinzelten Punkten festsitzende Begrenzung und folgt mehr oder weniger jeder Drehung des Eies wie eine Wasserblase. Das Eiweiß ist nicht mehr so hell durchscheinend, vielmehr im ganzen schleierartig, der Dotter ist dunkler, größer und zum Teil leicht wolkig, stets mehr oder weniger der Eischale angelagert. Der Luftraum hat mehr als 28 mm Durchmesser. Am eröffneten Ei erscheint das Eiweiß stark wässerig und gelbgrün bis grüngelb verfärbt. Der Dotter hat die ursprüngliche Kugelform vollständig verloren, desgleichen die gleichmäßige Gelbfärbung und erscheint gelblichweiß, entweder undeutlich streifig oder mehr oder weniger fleckig gefärbt, ohne ausgesprochen mißfärbig zu sein; er ist dünn-breiig erweicht und zerreißt meist nach dem Einschlagen des Eies entweder sofort oder bald nachher. Dotterinhalt und Eiweiß vermischen sich leicht bei gelindem Umrühren. Geruch und Geschmack sind „alt", mitunter leicht dumpfig.

4. Konservierte Eier: Eier, die durch physikalische oder chemische Mittel einer auf die Haltbarkeit einwirkenden Behandlung unterworfen sind. Hieher gehören:

a) Kühlhauseier sind Eier, die längere Zeit in Kühlhäusern bei niedriger Temperatur ($+0{,}5$ bis $+1{,}5^0$ C) aufbewahrt worden sind und nicht mehr die Beschaffenheit von „frischen Eiern mindestens

II. Qualität" besitzen. Kühlhauseier sind bei kurzer Aufbewahrung im Kühlhause von frischen Eiern nicht zu unterscheiden. Bei längerer Aufbewahrung im Kühlhause findet man neben den bei frischen und abgetrockneten Eiern beschriebenen Veränderungen des Luftraumes, des Dotters und des Eiweißes in der Regel den Dotter der Schalenhaut einseitig angelagert, was ein erwähnenswertes Merkmal für Kühlhauseier ist; auch tritt bei längerer Aufbewahrung eine schwach grünliche Verfärbung des Eiweißes ein und Geruch und Geschmack werden nicht selten dumpfig.

b) Kalkeier sind Eier, die in einer Kalkwasserlösung aufbewahrt worden sind. Die Schale fühlt sich rauh an und ist oft mit Kalkauflagerungen bedeckt. Kalkeier klingen beim Aufeinanderschlagen eigentümlich hell. Die Schale ist an einzelnen Stellen dünner geworden und platzt beim Kochen, wenn die Eier nicht kalt aufgesetzt, sondern in kochendes Wasser eingebracht werden. Das Eiweiß hat die Fähigkeit verloren, sich zu Schaum schlagen zu lassen. Kalkeier verlieren vielfach an Geschmack. Das Fetten der Kalkeier ist unzulässig.

c) Wasserglaseier sind Eier, die in einer meist 10prozentigen Wasserglaslösung konserviert worden sind. Wasserglaseier werden schon äußerlich durch den an der Eischale befindlichen Überzug ohne weiteres als solche erkannt. Das Eiweiß hat gleichfalls die Fähigkeit verloren, sich zu Schaum schlagen zu lassen.

d) Mit Harzen, Fetten, Leim u. dgl. überzogene Eier: Derartig konservierte Eier sind gleichfalls schon äußerlich an den der Eischale anhaftenden Konservierungsmitteln als solche leicht zu erkennen. Konservierte Eier müssen entsprechend bezeichnet werden.

5. Fehlerhafte Eier: a) Knickeier: deren Kalkschale mechanisch verletzt ist, ohne daß ihre Schalenhaut zerrissen worden wäre. b) Brucheier: deren Kalkschale einschließlich der Schalenhaut verletzt ist. c) Frosteier: zeigen infolge der Einwirkung der Kälte zarte Risse durch Schale und Schalenhaut; nach dem Auftauen fließt aus diesen Rissen das Eiweiß. Der Dotter hat wachsähnliche Konsistenz. d) Eier mit Fremdkörpern im Innern: entweder Parasiten, wie Band- oder Rundwürmer, oder Federn, Steine, Nägel usw., die vor der Bildung der Schale im Tierkörper zum Ei gelangten. e) Eier mit blutigem Inhalt (Bluteier): entweder hat das Eiweiß eine rötliche Farbe angenommen oder aber es finden sich darin oder am Dotter, besonders am Hahnentritt (S. 1) vereinzelte Blutgerinnsel. f) Eier mit abnorm verfärbtem Inhalt: man beobachtet Schwarzfärbung oder hochrote Färbung des Dotters, die beim Kochen des Eies in Schwarz übergeht. g) Graseier: bei fast ausschließlicher Ernährung der Hühner mit Gras zeigt der Dotter Grünfärbung und wird beim Kochen schwarz. h) Eier mit dumpfigem oder sonst widerwärtigem Geschmack (muffige, „strewlerte" oder Stroheier): Mängel, die so stark sein können, daß die Ware unverwendbar wird. Ursache dieser Erscheinung ist gewöhnlich

die Verwendung schlechten Packmaterials, dumpfigen Heues oder ebensolchen Häcksels. i) Fleckeier: durch die Poren der Eischale gelangen Schimmelpilze (Mucor-, Aspergillus- und Penicilliumarten) oder Coccidien (z. B. Coccidium avium) in das Innere des Eies, wo sie sich ausbreiten. Anfänglich sieht man an der Innenseite der Schalenhaut stecknadelkopfgroße Pilzrasen, in deren Umgebung das Eiweiß von Pilzfäden durchzogen ist, dann vergrößern sich diese Rasen und wachsen zusammen; die Pilzfäden durchwuchern schließlich das ganze Eiweiß bis zur Dottermembran und dringen selbst in den Dotterinhalt ein. Fleckeier, soferne sie nicht überhaupt schon verdorben sind, dürfen nur unter der Bezeichnung ,,Fleckeier" in den Verkehr gebracht werden. k) Angebrütete Eier (getrübte Eier): Eier mit in Entwicklung begriffenem Embryo. Beim Öffnen solcher Eier macht sich ein Geruch nach Schwefelwasserstoff bemerkbar. l) Rotfaule Eier: solche Eier lassen beim Durchleuchten den Dotter nicht mehr erkennen, erscheinen schmutzig gelbrot bis rötlichbraun verfärbt und schleierartig und wolkig getrübt; Dotter und Eiweiß sind ineinandergelaufen. m) Faule Eier: der Inhalt des Eies ist in Fäulnis übergegangen; die Schale hat meist ein schwach dunkles, unbestimmt mattgraues bis graubläuliches, zum Teile marmoriertes Aussehen. Schon die uneröffneten Eier riechen mehr oder weniger stark faul, beim Öffnen entwickeln sie einen starken Geruch nach Schwefelwasserstoff. n) Heuige Eier: Eier, die völlig frisch sein können, aber einen sehr charakteristischen, penetranten, scharfen und stechenden, an Heu erinnernden Geruch beim Öffnen ausströmen lassen. o) Schmutzeier: Eier, deren Schale mit Hühnerkot stark beschmutzt ist; sie verderben leicht und haben einen unangenehmen Geschmack.

Unter der Bezeichnung ,,Kocheier" sind Eier, auch Kühlhauseier zu verstehen, die infolge von nicht übermäßig stark hervortretenden Geruchs- und Geschmacksfehlern zum unmittelbaren Genusse nicht mehr geeignet sind, für Back- oder Bratzwecke aber noch küchenmäßig verwendbar sind.

Bei der Herstellung der künstlich bunt gefärbten Ostereier darf kein verbotener Farbstoff[1]) Verwendung finden.

B. Nach Größe und Gewicht der Ware:
1. Extragroße Eier: mit einem Einzelgewicht von mindestens 55 g;
2. mittelgroße Eier: mit einem Einzelgewicht von mindestens 45 g und
3. kleine Eier: mit einem Einzelgewicht von weniger als 45 g.

Anmerkung. Bei der Ausfuhr der Eier nach England werden die verschiedenen Größen, einem alten Brauch gemäß, auf der Außenseite der Kisten durch Streifen in bestimmten Farben kenntlich gemacht; die Namen dieser Farben hat man nun auf die Eier selbst übertragen und spricht von ,,blauen", ,,roten" und ,,schwarzen" Eiern, womit die Arten B_1, B_2 und B_3 gemeint sind, Ausdrücke, die gelegentlich auch im inländischen Verkehr vorkommen.

---

[1]) Siehe Ministerialverordnung vom 17. Juli 1906, RGBl. Nr. 142.

Es ist unzulässig, eine andere Art von Eiern als „Vollfrische Eier" (S. 4) als „Tee-" oder „Trinkeier" zu bezeichnen, ferner konservierte Eier, das sind Kalkeier, Wasserglaseier, mit Harzen, Fetten, Leim u. dgl. konservierte Eier und Kühlhauseier, die nicht mehr die Beschaffenheit frischer Eier besitzen, für „frische Eier" auszugeben oder ohne Deklaration ihrer wahren Natur zu vertreiben und endlich fehlerhafte Ware, wie Eier mit Fremdkörpern im Innern, Eier mit blutigem oder abnorm verfärbtem Inhalt, angebrütete („getrübte") Eier, rotfaule Eier, faule Eier und heuige Eier als Lebensmittel in den Verkehr zu bringen. Bei Eiern mit dumpfigem Geruch und Geschmack, bei Fleckeiern und Schmutzeiern hängt die Marktgängigkeit vom Grade des vorhandenen Mangels ab.

B. Eikonserven

Zur Bereitung der Eikonserven wird entweder der Gesamtinhalt der Eier (Vollei) oder es werden nur die einzelnen, sorgfältig von einander getrennten Bestandteile — Eiweiß und Eidotter (Eigelb) — verwendet.

Feste Eikonserven sind durch Eintrocknen des Eiinhaltes bei niedrigen Temperaturen hergestellte Präparate. Flüssige Eikonserven sind durch Versetzen des Eiinhaltes mit Alkohol, Kochsalz oder Zucker haltbar gemachte Präparate. Gefriereikonserven sind durch Gefrierenlassen des Eiinhaltes hergestellte Präparate und werden bis zu ihrer unmittelbaren Verwendung im gefrorenen Zustand erhalten. Aufgetaute Gefriereikonserven sind nur kurze Zeit haltbar.

Eikonserven müssen in ihrer Trockensubstanz, bei mit Zucker oder Kochsalz konservierten Eikonserven in ihrer zucker- oder kochsalzfreien Trockensubstanz die annähernde Zusammensetzung der Trockensubstanz des Eies, bzw. des Eigelbes oder Eiweißes enthalten. Der Kochsalzgehalt ist anzugeben.

Um einen Zusatz anderer fremder Stoffe, insbesondere einen solchen von fremden Fetten oder Eiweißstoffen (Kasein) nachzuweisen, rechnet man zweckmäßig alle analytischen Befunde auf Trockensubstanz um und vergleicht dann mit der Zusammensetzung normaler Erzeugnisse, für welche im Durchschnitt folgende Werte angenommen werden können:

In 100 g Trockensubstanz sind enthalten[1]:

	Vollei %	Eigelb %	Eiweiß %
Stickstoffsubstanz (N $\times$ 6,67)	47,81	33,12	88,79
Fett (Ätherextrakt)	45,99	64,10	1,76
Asche (kochsalzfrei)	4,25	2,08	4,21
Gesamtphosphorsäure	1,58	2,72	0,22
Lezithinphosphorsäure	1,06	1,67	—

---

[1] *Beythien*: Handbuch der Nahrungsmitteluntersuchung, 1914, I. Bd. S. 162.

Eikonserven dürfen weder Farbstoffe, noch Fluorverbindungen, Bor-, Salizyl- und Benzoesäure, Formaldehyd oder ähnliche Konservierungsmittel enthalten.

Präparate, welche nicht ausschließlich aus Eisubstanz bestehen, dürfen nicht als Eiersatzmittel (Eisurrogat) und Backpulver, deren gelbe Farbe nicht ausschließlich von zugesetztem Eigelb herrührt, nicht als Eibackpulver ausgegeben werden. Sie sind Nachmachungen von Eipräparaten; ihr Nährwert ist geringer als der der Eier, ihre Zusammensetzung eine wesentlich andere. Das Inverkehrsetzen derartiger Eisurrogate und Eibackpulver ist unzulässig.

Ersatzmittel, die das Ei nur in seinen küchentechnischen Eigenschaften (Färbung und Lockerung) zu ersetzen imstande sind, dürfen nicht mit einer das Wort „Ei" enthaltenden Wortverbindung bezeichnet sein. Sofern in Anpreisungen oder Anweisungen für derartige Mittel auf Eier Bezug genommen wird, muß ausdrücklich bemerkt sein, daß sie das Ei nur in seinen färbenden und lockernden Eigenschaften zu ersetzen vermögen. Diese Eigenschaft kommt ihnen übrigens nur zu, wenn sie die Zusammensetzung von Backpulvern besitzen. Abbildungen von Eiern oder Geflügel oder andere Hindeutungen auf Geflügel, wie z. B. „Gluck-Gluck", auf Packungen, in Anpreisungen oder Anweisungen sind unzulässig. Künstliche Färbung ist zu deklarieren.

Anmerkung: Nach einem besonderen, auf Extraktion beruhenden Verfahren werden aus Eidotter auch Präparate gewonnen, welche bei der Margarine- und Teigwarenerzeugung Verwendung finden.

2. Probeentnahme

Man nimmt von verschiedenen Stellen des zu begutachtenden Vorrates eine größere Anzahl von Eiern, gewöhnlich 10% der Gesamtzahl; bei großen Mengen — Kistenware — genügen Stichproben. Erforderlichenfalls ist bei diesem Lebensmittel die ganze vorhandene Menge Stück für Stück der Prüfung zuzuführen. Von trockenen Eikonserven, -surrogaten und -backpulvern genügen etwa 100 g zur Untersuchung; von flüssigen sind mindestens 250 g notwendig.

3. Untersuchung

Die Eier werden gewöhnlich ausschließlich mit den Sinnen geprüft; nur in besonderen Fällen, z. B., wenn die Gegenwart von Konservierungsmitteln nachzuweisen ist, ferner bei Eikonserven, -surrogaten und -backpulvern kommt die chemische Untersuchung in Betracht.

A. Sinnenprüfung

a) Gefühl und Geruch. Man ergreift das Ei mit der vollen Hand und dreht es leicht zwischen den Fingern. Nicht konservierte und Kühlhauseier (S. 5) fühlen sich glatt an, die Kalkeier (S. 6) dagegen um so rauher, je länger sie im Kalk gelegen haben. Der Geruch ist sowohl am uneröffneten als am geöffneten Ei zu prüfen.

b) Kälteprobe. Berührt man mit der Zunge die beiden Enden des Eies, so fühlt sich das lebende Ei an dem spitzen Ende kalt, am stumpfen Ende warm an, während konservierte oder faule Eier an beiden Enden kalt sind.

c) Klangprobe. Man hält in einem möglichst ruhigen Raum das Ei nahe an das Ohr und beklopft es mit der Nagelschneide des Zeigefingers. Bei einiger Übung kann man sofort die Knickeier (S. 6) von den völlig intakten Eiern unterscheiden.

d) Durchleuchtung („Klären"). Zu diesem Verfahren benötigt man eine Lampe mit möglichst intensivem und farblosem Lichte; am besten eignet sich hiezu außer Auer- und Azetylenlicht das elektrische Licht. Es kann jedoch auch eine geeignete Petroleumlampe gute Dienste leisten. Die Lichtquelle ist durch einen Blechzylinder, der sie nach allen Seiten umgibt, abzublenden. Im Zylinder müssen sich in der Gegend der Flamme eine oder auch mehrere Öffnungen von Eigröße befinden, deren Rand man zweckmäßig mit einem schwarzen Tuchstreifen bekleidet. Das zu untersuchende Ei wird an diese Öffnungen schwach angepreßt und hiebei in drehender Bewegung erhalten. Voraussetzung ist, daß die Prüfung an einem möglichst dunklen Orte erfolgt. Bei Revisionen in Geschäften verwendet man zweckmäßig elektrische Taschenlampen, die mit einem Trichter zur Aufnahme der Eier versehen sind. Beim Durchleuchten erweisen sich unverdorbene Eier als gleichmäßig durchscheinend; ihr Luftraum ist, namentlich wenn man das Ei noch außen mit der zweiten Hand beschattet, leicht in seiner ganzen Ausdehnung erkennbar. Fremdkörper und Pilzflecke treten als dunkle Punkte an der Schale oder im Innern des Eies hervor; doch hat man sich vor Verwechslungen mit Schmutzflecken an der Außenseite der Schale zu hüten. Bei Frosteiern sieht man besonders deutlich die charakteristischen zarten Risse und Sprünge (S. 6). Auch Eier mit blutigem Inhalt können meistens schon beim Durchleuchten als solche erkannt werden. Bei Fleckeiern erblickt man entweder nur vereinzelte stecknadelkopf- bis erbsengroße schwarze Flecken oder, bei fortgeschrittener Verpilzung, ebensolche große Flecken. Dieses Übel kann zur vollständigen Undurchsichtigkeit des Eies führen, das dann ganz schwarz aussieht. Gleichfalls undurchsichtig sind die faulen Eier. Angebrütete Eier haben einen mehr oder weniger undurchsichtigen Dotter; ihr Luftraum ist deutlich erkennbar und öfters so beweglich, daß er den Bewegungen des Eiinhaltes folgt. Eier mit farbigen Schalen können nach dem Durchleuchtungsverfahren nicht untersucht werden. Zu ihrer Prüfung dient das folgende Verfahren.

e) Schwimmprobe. Man senkt das zu prüfende Ei vorsichtig mit dem stumpfen Ende nach abwärts in ein mit gewöhnlichem Wasser gefülltes Gefäß. Alle Eier, die sich sofort wagrecht auf den Boden des

Gefäßes lagern, sind als unverdorben anzusprechen. Eier, die sich mehr oder weniger auf die Spitze stellen oder gar schwimmen, sind mitunter faul, angebrütet oder Knickeier (S. 6).

B. Chemische Untersuchung

Die verschiedenen Geheimmittel zur Konservierung der Eier enthalten außer zulässigem Wasserglas mitunter auch unzulässige Konservierungsmittel (S. 4). Die Gegenwart der wirksamen Bestandteile solcher Präparate läßt sich sowohl in der Schale und im Ei selbst als auch in Eikonserven, -surrogaten und -backpulvern nach den im folgenden zu gebenden Vorschriften nachweisen. Hinsichtlich der Farbstoffe gelten die Bestimmungen der Verordnung vom 18. April 1908, RGBl. Nr. 77, mit welcher Vorschriften über die chemische Untersuchung von Farben, welche bei Erzeugung von Lebensmitteln und Gebrauchsgegenständen verwendet werden dürfen, erlassen wurden. Handelt es sich um die Ermittlung der näheren chemischen Zusammensetzung von Eikonserven, -surrogaten und -backpulvern, so muß der Untersuchungsgang den jeweiligen besonderen Verhältnissen angepaßt werden.

1. Wasser

Bei festen Eikonserven werden 2 g, bei flüssigen Eikonserven werden 5 g der Probe nach dem Verreiben mit der fünffachen Menge Seesand oder Gips zu einem gleichmäßigen Pulver auf dem Wasserbade vorgetrocknet und hierauf im Wassertrockenschrank bis zur Gewichtskonstanz getrocknet.

2. Asche

5 bis 10 g Substanz werden vorsichtig bei kleiner Flamme verbrannt, die Kohle wird mit heißem Wasser ausgezogen, das Filter samt Kohle in der Platinschale verascht, das Filtrat hinzugefügt, zur Trockene eingedampft, der Rückstand schwach geglüht und nach dem Erkalten im Exsikkator rasch gewogen. Der etwaige Kochsalzgehalt ist abzuziehen.

3. Kochsalz

Die Bestimmung kann in der salpetersauren Lösung der Asche nach der Methode von *Volhard* erfolgen.

4. Lezithinphosphorsäure[1])

Bei festem Eigelb wird 1 g, bei flüssigem Eigelb werden 2 g mit der zehnfachen Menge Seesand oder Bimssteinpulver verrieben, im Vakuumwassertrockenschrank getrocknet und in eine Hülse gebracht, deren unterer Teil, um ein Mitreißen des Pulvers durch den abfließenden

---

[1]) *Juckenack*, Zeitschrift für Untersuchung der Nahrungs- und Genußmittel, sowie der Gebrauchsgegenstände, 1900, 3. Bd., S. 13.

Alkohol zu verhindern, mit entfetteter Watte umwickelt ist. Es empfiehlt sich, die mit der Substanz beschickte Hülse vor der Extraktion noch mehrere Stunden lang in einm Exsikkator über Schwefelsäure zu trocknen. Die Hülse bringt man dann in einen *Soxhlet*schen Extraktionsapparat mit Glas-(Dampf-)mantel, füllt den Extraktionskolben unter Hinzufügen einiger kleiner Bimssteinstückchen mit absolutem Alkohol und erhitzt über freier Flamme auf einem mit Asbestpapier belegten Drahtnetz derart, daß der Alkohol in lebhaftem Sieden bleibt. Nach 10 bis 12 Stunden ist die Extraktion beendet. Den nach dem Abdestillieren des Alkohols verbleibenden Rückstand verseift man mit etwa 5 ccm alkoholischer 0,5n-Kalilauge, löst die Masse in Wasser und spült die Lösung in eine Platinschale. Nach dem Verdunsten des Wassers sowie Trocknen und Veraschen des Rückstandes wird die Phosphorsäure in üblicher Weise in der salpetersauren Lösung nach Fällung mit Ammoniummolybdat als Magnesiumpyrophosphat bestimmt.

5. Gesamtphosphorsäure[1])

Man mischt nach *Arragon*[2]) bei Trockenvollei, bzw. Trockeneigelb 0,5 g, bei flüssigem Vollei, bzw. Eigelb 1 g der Probe mit 10 g Natriumkarbonat und 8 g Salpeter, erhitzt vorsichtig in einer bedeckten Platinschale bis die heftige Verbrennung vorbei ist, zieht in üblicher Weise mit Wasser aus und verascht vollständig. Nach Zusatz von 20 ccm Wasser wird die Asche in einem Becherglase auf dem Wasserbade erhitzt und mit konzentrierter Salpetersäure neutralisiert; hierauf wird noch bis zur Verjagung der Kohlensäure erhitzt, allenfalls filtriert und schließlich die Gesamtphosphorsäure nach Zusatz von 25 ccm Salpetersäure mit Ammoniummolybdat gefällt. Der Zusatz von Salpeter ist zwar nicht unbedingt erforderlich, beschleunigt aber die Verbrennung.

6. Stickstoffsubstanz

Die Bestimmung erfolgt unter Anwendung von 0,3 bis 0,4 g Substanz bei festen, von 0,6 bis 0,8 g Substanz bei flüssigen Eikonserven nach *Kjeldahl*. Durch Multiplikation mit 6,67 rechnet man auf Stickstoffsubstanz (Vitellin) um.

7. Fett

Die Bestimmung erfolgt durch Extraktion der mit Seesand oder Bimsstein eingetrockneten Substanz mit Petroläther im *Soxhlet*-Extraktionsapparate; das Lösungsmittel wird dann im Wasserstoffstrom aus einem Wasserbade abdestilliert und der Rückstand 10 Minuten

---

[1]) *Beythien*, Handbuch der Nahrungsmitteluntersuchung, 1914, I. Bd., S. 418.
[2]) Zeitschrift für Untersuchung der Nahrungs- und Genußmittel, sowie der Gebrauchsgegenstände, 1906, 12. Bd., S. 456.

bei 100⁰ C und schließlich eine Stunde im Exsikkator über Schwefelsäure getrocknet und gewogen.

Das so erhaltene Fett dient dann zur Bestimmung der Refraktion und der Jodzahl.

8. Unlösliche Bestandteile

Man löst 1 g lufttrockener Substanz in 50 ccm Wasser, bringt auf ein gewogenes Filter und wäscht, wenn nötig unter Absaugen, mit Wasser, bis dieses nichts mehr aufnimmt. Das Filter wird getrocknet und gewogen.

9. Fibrin

Man kocht 0,1 g gepulvertes Eiweiß mit 10 ccm 30-prozentiger Essigsäure 5 Minuten im Reagensglase; bei Abwesenheit von Fibrin erfolgt völlige Lösung, die auch auf Zusatz von 20 ccm Wasser oder Weingeist keinen Bodensatz gibt. Vorhandenes Fibrin bleibt ungelöst.

10. Gummi, Dextrin, Gelatine und überhitztes Albumin[1])

Man schüttelt 10 ccm der 1-prozentigen Lösung mit 5 ccm einer 5-prozentigen Karbollösung und 5 Tropfen Salpetersäure (spez. Gew. 1,153) und filtriert. Reines Albumin liefert hiebei ein klares Filtrat, während ein trübes und schleimiges Filtrat auf die Anwesenheit von Gummi oder Dextrin hinweist. In diesem Falle entsteht beim Überschichten mit 5 ccm Alkohol eine weißliche Zone. Auf Zusatz von 1 ccm Jodlösung färbt sich die Lösung bei reinem Albumin nur gelb, bei Anwesenheit von Dextrin rot. Zum Nachweis von Gelatine wird nach dem Fällen von Eiweiß durch Kochen der essigsauren Lösung das klare Filtrat mit Alkohol gefällt. Der Niederschlag, in wenig heißem Wasser gelöst, gelatiniert beim Erkalten.

11. Mehl

Der Nachweis erfolgt mittels Jod-Jodkaliumlösung (Blaufärbung) oder mikroskopisch.

12. Konservierungsmittel

a) Fluor

Zum Nachweis wasserlöslicher Fluoride in konservierten ganzen Eiern oder in flüssigen Eikonserven eignet sich am besten das Verfahren von *Obermayer*[2]):

75 g des Eiinhaltes oder der flüssigen Eikonserve werden auf einer Tarawaage in einen Literkolben eingewogen und mit etwa 500 g Wasser verdünnt. Man erhitzt dann die Mischung unter Zusatz von 1 bis 2 g Tannin zum Sieden, läßt nach erfolgter Fällung der Eiweißkörper ab-

---

[1]) *Beythien*, Handbuch der Nahrungsmitteluntersuchung, 1914, I. Bd., S. 160.

[2]) Privatmitteilung.

kühlen, füllt bis zur Marke auf, schüttelt gut durch und filtriert durch ein größeres Faltenfilter. Sollte das Filtrat trüb sein, so gießt man es so lang auf das Filter zurück, bis es völlig klar geworden ist. 660 ccm des Filtrates, entsprechend etwa 50 g des Eiinhaltes oder der flüssigen Eikonserve, werden mit einer Lösung von Natriumkarbonat alkalisch gemacht und in einer Platinschale zur Trockene gebracht. Den Rückstand glüht man hierauf zur Zerstörung der organischen Substanz, nimmt ihn in Wasser auf, neutralisiert die Lösung, ohne sie zu filtrieren, genau mit Essigsäure und versetzt mit der nötigen Menge von Chlorkalziumlösung; der entstandene, aus Kalziumfluorid und Kalziumphosphat bestehende Niederschlag wird abfiltriert, mit Wasser gut ausgewaschen, getrocknet und samt dem Filter in einem Platintiegel verascht. Die Asche wird vorsichtig mit konzentrierter Schwefelsäure versetzt und der Tiegel mit einem Uhrglase bedeckt, das mit einer dünnen Wachsschicht überzogen ist, in die vorher mit einem spitzen Holz- oder Bleistift beliebige Zeichen gemacht worden sind. Man erwärmt hierauf den Tiegel vorsichtig so, daß das Wachs nicht schmelzen kann. Bei Gegenwart von Fluor wird das Glas an den Stellen, wo die Zeichen in der Wachsschicht angebracht sind, geätzt; die eingeätzten Zeichen treten besonders nach dem Entfernen der Wachsschicht beim Anhauchen deutlich hervor. Liegen feste Eikonserven, wie trockenes Gesamtei, trockenes Eialbumin oder trockenes Eigelb vor, so wägt man zur Untersuchung etwa 24 g ab, verteilt die Substanz in Wasser und verfährt weiter, wie es eben beschrieben wurde.

b) Formaldehyd, Ameisensäure und schweflige Säure

Zum Nachweise von Formaldehyd, Ameisensäure und schwefliger Säure mischt man 50 g Eiinhalt oder flüssige Eikonserve oder 15 g der festen Eikonserve mit etwa 300 ccm Wasser, versetzt nach $^1/_4$ stündigem Stehen mit 10 ccm 25-prozentiger Phosphorsäure und destilliert unter Erhitzen im Glyzerinbad im Wasserdampfstrom 100 ccm ab. Mit diesem Destillate können die Reaktionen ausgeführt werden auf:

1. Formaldehyd: Man versetzt einige Kubikzentimeter des Destillates mit Peptonlösung und unterschichtet mit konzentrierter, eine Spur Eisenchlorid enthaltender Schwefelsäure. Ein entstehender violetter Ring zeigt die Anwesenheit von Formaldehyd an. Oder man versetzt einige Kubikzentimeter des Destillates mit einer Spur (0,005 bis 0,01 g) Phloroglyzin und macht mit Kalilauge stark alkalisch. Bei Gegenwart von Formaldehyd tritt schöne Rotfärbung der Lösung ein. Werden weiters 2 ccm des Destillates mit 4 ccm (formalinfreier) Milch, dann mit 6 ccm einer eisenhältigen Salzsäure vom spezifischen Gewichte 1,15 vermischt und dann etwa 2 Minuten lang gekocht, so tritt bei Gegenwart von Formaldehyd Violettfärbung der Flüssigkeit und der ausgeschiedenen Kaseinflocken ein.

2. Ameisensäure: Zum Nachweise nimmt man etwa 30 ccm des Destillates, fügt eine Messerspitze kohlensauren Kalkes hinzu und erwärmt etwa $1/4$ bis $1/2$ Stunde auf dem Wasserbade. Hierauf wird in einen Kolben filtriert und ausgewaschen. Das Filtrat versetzt man mit 2 bis 3 Tropfen verdünnter Salzsäure, etwa 1 g essigsauren Natrons und 20 ccm einer gesättigten Quecksilberchloridlösung, worauf man den Kolben mit einem Rückflußkühler oder auch nur mit einem Steigrohre verbindet und auf 2 Stunden in ein kochendes Wasserbad einsenkt. Eine geringfügige weiße Trübung ist belanglos, hingegen wird bei Gegenwart von Ameisensäure eine reichliche Abscheidung von Quecksilberchlorür auftreten. Enthält die Eikonserve Formaldehyd und soll auf Ameisensäure geprüft werden, so wird das Destillat mit Natronlauge neutralisiert und auf dem Wasserbade eingedampft, der Rückstand im Trockenschrank eine Stunde lang bei 130^0 C erhitzt und nach dem Erkalten in 30 bis 40 ccm Wasser gelöst, die Flüssigkeit mit einigen Tropfen Salzsäure bis zur schwach sauren Reaktion versetzt und mit Natriumazetat und Quecksilberchloridlösung, wie oben angegeben, geprüft.

3. Schweflige Säure: Man versetzt 10 ccm des Destillates mit Stärkekleisterlösung und fügt einige Tropfen stark verdünnter Jodlösung hinzu. Bleibt die Lösung blau, so ist keine schweflige Säure vorhanden, verschwindet jedoch die Blaufärbung, so setzt man zu einer anderen Probe des Destillates solange Jodlösung zu, bis die Gelbfärbung nicht mehr verschwindet und prüft nun, ob mit Baryumchloridlösung eine weiße Fällung von Baryumsulfat entsteht, die für schweflige Säure endgültig beweisend ist.

c) Borsäure

50 g der flüssigen Eikonserve oder 15 g der festen Eikonserve werden unter Sodazusatz verascht; die Asche wird in ein Kölbchen gebracht, mit konzentrierter Schwefelsäure und Methylalkohol versetzt und erhitzt. Bei Gegenwart von Borsäure brennen die entweichenden Dämpfe mit grüner Flamme.

d) Salizylsäure und Benzoesäure

Man vermischt 50 g Eiinhalt oder flüssige Eikonserve oder 15 g feste Eikonserve in einem Kolben mit 200 bis 300 ccm Wasser, versetzt mit 5 ccm verdünnter Schwefelsäure und erwärmt durch Einstellen des Kolbens in ein kochendes Wasserbad bis zur vollendeten Koagulation. Hierauf filtriert man durch ein großes Faltenfilter, bringt das erkaltete Filtrat in einen Scheidetrichter, schüttelt mit Äther aus und prüft auf:

1. Salizylsäure: ein Teil der ätherischen Lösung wird in einer Schale verdunstet, der Rückstand mit verdünntem Alkohol aufgenommen und einige Tropfen einer ganz verdünnten Eisenchloridlösung zuge-

setzt. Bei Anwesenheit von Salizylsäure tritt eine deutliche Violettfärbung ein.

2. **Benzoesäure:** Der andere Teil der ätherischen Lösung wird gleichfalls in einer Schale verdunstet, der Rückstand in verdünntem Ammoniak gelöst; man dunstet die Lösung behufs Verjagung des überschüssigen Ammoniaks ab, nimmt den Rückstand sodann in wenig Wasser auf, filtriert nötigenfalls und fällt die Benzoesäure mit Eisenalaunlösung als „fleischfarbenen" Niederschlag aus.

13. Künstliche Färbung

Zur Prüfung, ob in den Eikonserven überhaupt ein fremder Farbstoff vorhanden ist, wird nach *Juckenack*[1]) folgendermaßen verfahren: Man beschickt zwei Reagensgläser bei Trockenvollei und Trockeneigelb mit etwa 2 g Substanz, bei flüssigen Eikonserven mit etwa 4 g Substanz und schüttelt das eine mit 15 ccm Äther, das andere mit 15 ccm 70-prozentigem Alkohol kräftig durch, verschließt und läßt etwa 12 Stunden stehen. Bei nicht künstlich gefärbten Eigelbkonserven zeigt der Äther eine mehr oder weniger stark gelbe Färbung, der Alkohol hingegen keine oder nur eine schwache Gelbfärbung. Färbt sich jedoch der Alkohol stark deutlich gelb, so liegt unter allen Umständen ein fremder Farbstoff vor. Der gelbe Farbstoff des Eigelbes, das Lutein, läßt sich sehr leicht mit Äther ausziehen. Die gelbe ätherische, wie auch die gelbe alkoholische Lösung gibt dann mit wässeriger salpetriger Säure die bekannte *Weyl*sche Reaktion, d. h., sie entfärbt sich sofort, wenn kein fremder äther- bzw. alkohollöslicher Farbstoff vorliegt; andernfalls hat eine künstliche Färbung stattgefunden. Der nähere Nachweis durch Auffärben auf Wolle usw. kann dann nötigenfalls noch nach den üblichen Methoden erfolgen.

4. Beurteilung

Gesundheitsschädlich sind mit unzulässigen Konservierungsmitteln behandelte Eier (S. 4), Eier mit Fremdkörpern im Innern, mit blutigem oder abnorm verfärbtem Inhalt, angebrütete und faule Eier.

Minderwertig oder verdorben und unter Umständen sogar gesundheitsschädlich, je nach dem Grade des ihnen anhaftenden Mangels, sind Graseier mit dumpfigem oder sonst widerwärtigem Geschmack, Fleckeier, rotfaule, heuige und Schmutzeier.

Eine **falsche Bezeichnung** liegt vor, wenn andere als Hühnereier unter der Bezeichnung „Eier" schlechtweg (S. 2), Eier anderer Vogelarten als des Haushuhns ohne eine ihrer wirklichen Beschaffenheit entsprechende Bezeichnung (S. 2), Eier anderer Beschaffenheit als

---

[1]) Zeitschrift für Untersuchung der Nahrungs- und Genußmittel, sowie der Gebrauchsgegenstände; 1900, 3. Bd., S. 4.

die auf S. 4 unter A. 1 beschriebenen als „Vollfrische Eier" („Tee- oder Trinkeier"), ferner, wenn „abgetrocknete Eier" („Schwimmer", S. 5), dann Kühlhauseier (S. 5), welche infolge längerer Lagerung den an frische Eier zu stellenden Anforderungen nicht mehr entsprechen, weiters Kalk-, Wasserglas- oder sonstwie konservierte Eier (S. 6) als „Vollfrische Eier", „Frische Eier", „Frische Landeier" oder „Landeier" schlechtweg oder ohne Kennzeichnung ihrer wahren Natur in Verkehr gesetzt werden.

Lediglich für **minderwertig** hat der Gutachter Eier der auf S. 6 unter A. 5, a), b) und c) beschriebenen Art zu erklären.

Die hier niedergelegten Grundsätze haben auch für die Beurteilung der auf S. 8 besprochenen Eikonserven, Eisurrogate und Eibackpulver Gültigkeit; hinzuzufügen ist, daß bei Eikonserven von sanitär bedenklicher Herkunft fallweise zu untersuchen sein wird, ob sie nicht etwa als **gesundheitsschädlich** angesprochen werden müssen, und daß Eisurrogate und Eibackpulver, deren Farbe nicht ausschließlich von zugesetztem Eigelb herrührt, vom Gutachter als **Nachmachungen** im Sinne des Gesetzes vom 16. Jänner 1896, RGBl. Nr. 89 von 1897 zu bezeichnen sind. **Verfälscht** sind künstlich gefärbte Eikonserven und solche, die nicht ausschließlich aus Eisubstanz bestehen.

5. Regelung des Verkehrs

Die Produktion der Eier läßt sich durch Veredlung der Geflügelzucht bedeutend heben.

Zum Transport der Eier eignen sich am besten ungebrauchte neue oder bisher nur zur Beförderung von Eiern gebrauchte Holzkisten oder reine Fässer. Das Verpackungsmaterial muß vollkommen trocken, geruchlos und rein sein.

Zur Lagerung eignen sich nur kühle, luftige und nicht dumpfe Räume; die eingelagerten Eier sind vor der Einwirkung stark riechender Stoffe, wie Käse, Petroleum, Desinfektionsmittel und ähnlichem, zu schützen. Knick- und Brucheier müssen vor Verunreinigung bewahrt werden. Bei der Abgabe an die Konsumenten soll jede Qualität der zum Verkaufe bestimmten, bereits sortierten Ware in besonderen Behältern gelagert und entsprechend bezeichnet sein.

Der Verkauf der Eier sollte nur nach Gewicht erfolgen.

Der Verkehr mit Eikonserven, die nicht unter sanitätspolizeilicher Aufsicht hergestellt worden sind, ist zu untersagen.

6. Verwertung der beanstandeten Eier und Eikonserven

Kleine Mengen **gesundheitsschädlicher** und **verdorbener** Eier und Eikonserven sind zu vernichten; bei größeren Mengen kommt die Verarbeitung auf technische Eiweißpräparate (Albumin) oder eine sonstige technische Verwertung, z. B. in der Gerberei, in Betracht.

Falsch bezeichnete Waren können unter der richtigen Bezeichnung im Verkehr belassen werden; bei Eiersatzmitteln, Eisurrogaten und Eibackpulvern (S. 9) empfiehlt sich dagegen die Vernichtung.

Experten: *Alfred Eibuschitz* (Brüder Eibuschitz), *Simon Hungerleider* (Verein der Eierhändler), *Karl Medak* (M. Medak), *Siegfried Reichenfeld*, *Erich Simon* (Simon und Böhm) und *Leopold Urbach*.

XIX.
Butter

Referent: o. ö. Professor i. R. Hofrat Dr. *Willibald Winkler*.

Besondere, auf den Verkehr mit Butter bezügliche Bestimmungen sind in dem „Margaringesetz" vom 25. Oktober 1901, RGBl. Nr. 26 ex 1902, betreffend den Verkehr mit Butter, Käse, Butterschmalz, Schweineschmalz und deren Ersatzmitteln, enthalten (siehe Heft XI u. XII, S. 53). Daneben finden auf den Verkehr mit Butter auch die allgemeinen, den Lebensmittelverkehr regelnden Vorschriften Anwendung, so insbesondere das „Lebensmittelgesetz" vom 16. Jänner 1896, RGBl. Nr. 89 ex 1897 und die Ministerialverordnung vom 17. Juli 1906, RGBl. Nr. 142, über die Verwendung von Farben und gesundheitsschädlichen Stoffen bei Erzeugung von Lebensmitteln und Gebrauchsgegenständen, sowie über den Verkehr mit derart hergestellten Lebensmitteln und Gebrauchsgegenständen.

Überdies nimmt auf den Verkehr mit Butter auch das Gesetz vom 6. August 1909, RGBl. Nr. 177, betreffend die Abwehr und Tilgung von Tierseuchen insoferne Einfluß, als es die Herstellung und den Verkauf von Molkereierzeugnissen aus der Milch erkrankter (gefährdeter) Tiere bei Auftreten bestimmter Tierseuchen für unzulässig erklärt. (Vgl. insbesondere die §§ 31, 33 und 46 des genannten Gesetzes.)

1. Beschreibung

Allgemeines. Butter ist das lediglich aus der Milch stammende, durch besondere Behandlung (Verbutterung) daraus unmittelbar oder mittelbar (aus Rahm) gesammelte, fest gewordene, sonst unveränderte Fett, in dem sich eine gewisse Menge Wasser, etwas Luft und geringe Reste der übrigen Milchbestandteile in feiner Verteilung befinden. Unter Butter schlechtweg ist immer reine Kuhbutter zu verstehen.

Butterschmalz oder Schmalzbutter, in den Alpenländern unrichtigerweise „Rindschmalz", in manchen Gegenden auch „Schmalz" genannt, ist das durch Schmelzen der Butter von den übrigen Milchbestandteilen möglichst befreite, klare, wieder erstarrte Milchfett.

Eigenschaften. Normale Butter ist bei gewöhnlicher Temperatur, also bei etwa 12 bis 20º C plastisch und streichbar, besitzt weißliche bis tiefgelbe Farbe, zarten Mattglanz oder Schimmer und eigenartigen erfrischenden Geruch und Geschmack. Auf ihrer Schnittfläche zeigen sich nicht selten kleine Flüssigkeitströpfchen, die bei richtiger Bereitung klare Wassertröpfchen, bei schlechter Ausarbeitung aber durch Buttermilch getrübt sind. Wenn man unter dem Mikroskop ganz dünne Schnitte von Butter mit reinem Glyzerin bedeckt, so erblickt man ein Konglomerat aus kleinen Milchfettkügelchen, zwischen denen Serumtropfen auftreten. Die Fettkügelchen zeigen keine kristallinische Struktur. Dadurch unterscheidet sich die Butter von den anderen festen Fetten, die, da sie ohne vorheriges Schmelzen nicht hergestellt werden können, immer kristallinische Gebilde irgend welcher Art enthalten. Aufgefrischte Butter (S. 26) zeigt im Dunkelfeld oder im Polarisationsmikroskop ebenfalls kristallinische Struktur. Geruch und Geschmack der Butter werden hauptsächlich von der Beschaffenheit der Milch, von der Reinlichkeit der Milchgewinnung und -behandlung, von der Behandlung bezw. Säuerung des Rahmes und von dem Alter der Butter beeinflußt. Das Aroma der Butter stammt zum Teil aus dem Futter, zum Teil von der individuell verschiedenen Pansenverdauung, zum größten Teil aber von der Tätigkeit gewisser Rahmsäuerungs- und Aromabakterien. Als Hauptkomponente des Butteraromas wurde Diacetyl gefunden, das in Verdünnung von 0,0002 bis 0,0004% (auf Butter bezogen) das Butteraroma erzeugen soll, jedoch nicht genügend beständig zu sein scheint. Die natürliche Farbe der Butter hängt zum größten Teile von der Ernährung der Tiere ab. Viel Stroh gibt ihr eine weiße Farbe (Strohbutter); Kleeheu, Möhren und Grünfutter machen sie schön gelb (Maibutter, Grasbutter); Butter aus Kolostrummilch ist grellgelb. Doch sind auch die Individualität und Rasse des Melkviehes von Einfluß.

Die Konsistenz der Butter wechselt, abgesehen von der herrschenden Temperatur, hauptsächlich mit der Bereitungsweise und der Fütterung. Zu lange im Butterfaß oder auf dem Kneter behandelte, „überarbeitete" Butter wird weich, schmierig und matt. Stark pasteurisierter und dann ungenügend oder zu langsam gekühlter oder bei zu hoher Temperatur verbutterter Rahm liefert ebenfalls weiche Butter, alter, sehr saurer Rahm harte und krümelige Butter. Von Stroh, Rübenblättern, Rübenköpfen, Trockenschnitzeln und von Baumwoll-, Kokos- und Palmkernkuchen als Futtermittel ist es bekannt, daß sie die Butter hart machen, während Haferschrot, Weizenkleie, Mais, Reismehl, Rapskuchen und Grünfutter ihr eine weichere Beschaffenheit verleihen. Aus reiner Butter scheidet sich beim Schmelzen das Fett klar ab, während Fettgemische (Margarine) eine trübe Schmelze geben. Stark ranzige und sogenannte „Vorbruchbutter" (S. 22) geben ebenfalls eine trübe Schmelze.

Die gewöhnlichen Zersetzungen der Butter und des Butterfettes sind das Ranzigwerden und das Talgigwerden.

Das Ranzigwerden ist noch nicht vollständig aufgeklärt, doch kann nach den neueren Arbeiten von *Fierz-David*[1]) die Ranzidität der Fette auf folgende zwei Arten hervorgerufen werden: 1. durch Licht, Luft und Wasser ohne Mitwirkung von Bakterien bzw. Mikroorganismen, wobei nur die ungesättigten Fettsäuren in Aldehyde und Säuren gespalten werden (Ölsäureranzigkeit) und 2. durch fluoreszente und andere Bakterien und gewisse Schimmelpilze (Penicillium, Oidium, Cladosporium butyri), welche die gesättigten Fettsäuren zu den entsprechenden Methylalkylketonen zu oxydieren vermögen (Ketonranzigkeit).

Das Talgigwerden wird durch die Einwirkung des Lichtes und der Luft oder durch starkes Erhitzen, auch durch Gefrieren des Wassers in der Butter veranlaßt. Es ist meist von einer starken Abnahme der ungesättigten Säuren begleitet (Abnahme der Jodzahl), während die Menge der flüchtigen freien Fettsäuren nur in geringem Grade steigt.

Beim Ranzigwerden färbt sich die Butter in den äußersten Schichten mehr und mehr gelb, sie bekommt eine „Haut". Beim Talgigwerden wird sie weiß.

Das Butterfett, das sich von allen anderen Speisefetten durch seinen Gehalt an gemischten Buttersäureestern unterscheidet, enthält neben den Glyzeriden der Fettsäuren 0,3 bis 0,5% Cholesterin, wenig Lezithin (0,01%) und einen gelben Farbstoff, der wahrscheinlich ein Gemisch von Carotin und Xanthophyll darstellt.[2])

Phytosterin ist in Butterfett wie in allen tierischen Fetten nicht enthalten. Ein Nachweis von Phytosterin in Butterfett ist beweisend für die Gegenwart von Pflanzenfett.

Die Zusammensetzung der ungesalzenen Butter ist etwa folgende:

Fett . . . . 84,0 % (80 bis 91%)
Wasser . . . . 14,5 % (10 „ 18%)
Stickstoffhaltige Stoffe . . . . 0,8 %
Milchzucker . . . . 0,3 % } (0,8 „ 2%)
Milchsäure 0,15%
Mineralbestandteile . . . . 0,2 % (0,1 „ 0,3%)

Bei gesalzener Butter beträgt der Kochsalzgehalt bis zu 3% (im Mittel 1,3%).

Gesalzene Butter sowie Exportbutter dürfen nicht mehr als 16%, ungesalzene nicht mehr als 18% Wasser enthalten.

Die Kennzahlen des inländischen Butterfettes sind:

Schmelzpunkt . . . . 28 bis 36° C
Erstarrungspunkt . . . . 19 „ 24° C
Spezifisches Gewicht bei 100° C . . . . 0,865 bis 0,868
Brechungszahl bei 40° C . . . . 40 bis 45
*Reichert-Meißl*sche Zahl . . . . 24 „ 36
*Köttstorfer*sche Zahl (Verseifungszahl) . . . . 223 „ 233

---

[1]) Zeitschrift für angewandte Chemie, 1925, Bd. 38, S. 6.
[2]) Journ. of Biol. chem. 17. 191—210.

*Polenske*sche Zahl .... 1,3 bis 3,5
Jodzahl nach *Hübl*.................................... 27 „ 43
A-Zahl .... 5 „ 7
B-Zahl .... 29 „ 43

Für die Refraktometerzahl werden bei unverfälschter Butter, besonders im Hochsommer, Werte bis 46 beobachtet.

Die *Reichert-Meißl*-Zahl kann ausnahmsweise (bei altmelken Kühen, bei knapper und Strohfütterung, bei Erkrankungen) bei reiner Naturbutter bis auf 22, ja sogar bis auf 20 herabsinken. Desgleichen kann die „B-Zahl" unter Umständen bis 28 fallen. Die *Köttstorfer*sche Zahl kann bis auf 220 herabgehen; sie steigt, wenn das Butterfett erhitzt wurde oder ranzig wird. Die *Polenske*-Zahl und die A-Zahl steigen nach der Fütterung von Rübenköpfen, Rübenblättern, Rübenschnitzeln und Kokospreßkuchen und Hefe mitunter merklich an, so daß sie einen Zusatz von Kokosfett vorzutäuschen vermögen. Frische Butter — auch aus stark saurem Rahm hergestellt — hat niemals einen höheren Säuregrad als 3. Bei Eßbutter beträgt der Säuregrad des Butterfettes meist nur 1 bis 3, bleibt im allgemeinen unter 5 und übersteigt 8 nicht.

Beim Butterschmalz darf der Wassergehalt 5% nicht übersteigen.

Produktions- und Handelsverhältnisse. Obwohl die Butter fast ausschließlich aus gesäuertem Rahm hergestellt wird, bezeichnet man allgemein auch die aus künstlich gesäuertem Rahm hergestellte Butter als „Süßrahmbutter" zum Unterschied von der aus natürlich gesäuertem Rahm gewonnenen „Sauerrahmbutter". Erstere bereitet man aus kurze Zeit bei 85 bis 90° C, bzw. 30 Minuten bei 63° C pasteurisiertem, mit eigenen Rahmsäuerungsreinkulturen oder sehr guter saurer Magermilch angesäuertem Rahm. Besonders ausgewählte, aus reinlich gewonnener Milch hergestellte, gründlich gewaschene und geknetete Butter, welche in Blechbüchsen luftdicht eingeschlossen ist, bezeichnet man auch als „Dauerbutter". Unmittelbar aus süßer oder saurer Milch wird Butter selten gewonnen. „Molkenbutter" heißt die Butter aus dem durch Aufstellen oder Zentrifugieren der Molke gewonnenen Rahm, „Vorbruchbutter" die aus dem „Vorbruch", das ist aus dem durch Zusatz von 1 bis 2% „Sauer" (Sauermolke) und Erhitzen auf 80 bis 86° C aus der Molke abgeschiedenen rahmartigen Anteil. In der Regel verbuttert man den Molkenrahm und den Vorbruch zusammen mit Satten-Rahm. Die so erzeugte Butter wird ebenfalls Vorbruchbutter oder Sennbutter, Molkenrahmbutter, Retzelbutter, hie und da auch „Käserei-" oder „Sennereibutter" genannt.

Der Butterhandel[1]) unterscheidet folgende Qualitäten von Butter:

---

[1]) Bedingungen (Usancen) für den Verkehr in Butter und Butterschmalz an der Wiener Börse. Wien 1931. Verlag der Wiener Börsekammer.

I. Qualität (sehr gut, Teebutter): Butter ohne merkliche Fehler, von bestem, mandelartigem Geschmack und angenehmem, erfrischendem Aroma; sie soll nicht fade schmecken, darf höchstens leichten Pasteurisiergeschmack besitzen und nicht übersäuert sein. Auf der Schnittfläche oder dem Bohrzapfen (S. 28) dürfen sich weder Buttermilch noch trübes Wasser (trübe Lake) zeigen. Ihr Wassergehalt bewegt sich in der Regel zwischen 12 und 15%. Sie muß eine gleichmäßige, frische Farbe, einen leichten, klaren Glanz und kerniges Gefüge haben, sich dabei aber bei Zimmertemperatur gut streichen lassen. Bunte, fettige, trübe („dicke"), schmierige, salbige, harte, käsige oder bröckelige Ware gehört nicht in diese Klasse.

II. Qualität (gut, Tafel- oder Tischbutter): Butter mit minder feinem Geschmack, gewöhnlich etwas kratzend, mit kleineren Ausarbeitungsfehlern. Hieher gehören — unter der Voraussetzung, daß Geschmack und Aroma nicht schlecht sind — Butter, die merkliche Mengen von Buttermilch enthält, ganz aromalose Butter, stark überarbeitete, matte und schmierige Butter, endlich fettige und etwas scharfe sowie leicht ölige Butter.

III. Qualität (mangelhaft, Kochbutter): Butter mit ordinärem Geschmack, in geringem Grade ranzige Butter, saure, käsige, kurze, bröckelige Butter, ölige und leicht dumpfige Butter, dann Butter mit Rauchgeschmack oder deutlichem Stallgeschmack. Die Butter muß zu Kochzwecken und zur Erzeugung von gutem Butterschmalz verwendbar sein.

IV. Qualität (abfallend, schlecht, Einschmelzbutter): Unreine, stark ranzige oder salzige Butter, ranzig bittere oder käsig bittere oder sonstwie schlecht schmeckende Butter, leicht schimmelige oder stinkende Butter usw.

Anmerkung. Die Praxis wendet häufig zur genauen Beurteilung besonders bei Butterschauen das folgende Punktierungsschema an, das dem in Deutschland üblichen entspricht.

Geschmack	höchstens	10 Punkte
Geruch	,,	3 ,,
Ausarbeitung	,,	3 ,,
Ansehen	,,	2 ,,
Gefüge	,,	2 ,,

In die I. Qualitätsklasse kommt Butter mit mindestens 16 Punkten, wovon mindestens 8 Punkte auf Geschmack entfallen müssen, in die II. Klasse Butter mit 13 bis 15 Punkten, in die III. Klasse mit 10 bis 12 Punkten, in die IV. Klasse mit weniger als 10 Punkten.

Die Butterfehler spielen im Handel eine große Rolle; darum sei ihrer etwas näher gedacht. Man unterscheidet:

I. Fehler im Aussehen, außen und auf der Schnittfläche, und zwar: 1. Unreine Butter: entweder einzelne Schmutzpartikelchen (Kuhhaare usw.) enthaltend oder ganz von schmutziger, grauer Farbe. 2. Matte Butter: Folge von Überarbeitung. 3. „Fettige", schmierige Butter: bei zu hoher

Temperatur oder zu schnell gebuttert oder zu wenig geknetet. 4. Käsig weiße Butter: rührt von starker Strohfütterung her oder vom Verbuttern stark sauren, alten Rahmes („käsige Butter") oder ist am Licht gelegene Butter. 5. Ungleich gefärbte, streifige, fleckige, flammige oder marmorierte Butter. 6. Trübe, das ist mit Buttermilchtropfen durchsetzte Butter. 7. Butter mit gelblicher Randschicht („Haut", S. 21). 8. Fleckige Butter: mit Farbstoff bildenden Bakterien, Hefen- oder Schimmelpilzen in der Masse. 9. Schimmelige Butter. 10. Weißtalgige Butter (siehe ad III, Punkt 7 bei Geruchs- und Geschmacksfehlern).

II. Fehler im Gefüge: 1. Weiche, schmierige, salbige Butter: Ursachen sind die Verfütterung gewisser Futtermittel, das Buttern bei zu hoher Temperatur oder zu geringes oder zu starkes Kneten sowie langsames oder ungenügendes Kühlen des Rahmes. 2. Wasserreiche Butter[1]): mit zu hohem Wassergehalt infolge zu raschen, zu warmen oder zu langen Butterns, zu sauern Rahms, zu kurzen oder unsachgemäßen Knetens, zu langen Waschens in wärmerem Wasser. 3. Harte Butter: von gewissen Futtermitteln, Buttern bei niedriger Temperatur oder Verwendung der Milch altmelker Kühe. 4. Trockene, das ist zu stark ausgeknetete Butter. 5. Kurze, bröckelige Butter: von stark saurem Rahm oder von der Verfütterung gewisser ungeeigneter Futtermittel herrührend. 6. Käsige Butter: aus altem, saurem Rahm. 7. Wasserlässige (lakende) Butter: ein Knetfehler.

III. Geruchs- und Geschmacksfehler: 1. Unrein riechende oder schmeckende, sogenannte „abfallende" Butter: hängt mit der Verarbeitung unreiner oder erstickter Milch oder mit unreinlicher oder nicht richtiger Rahm- und Milchbehandlung zusammen. 2. Butter mit Stallgeschmack. 3. Ölige bis metallisch schmeckende Butter: von rostigen Milchgeschirren oder stark eisenhaltigem Wasser, auch von Berührung des Rahmes mit Kupfer, sowie von besonderen Mikroorganismen (entarteten Milchsäurebakterien) oder von längerem Stehen des Rahms in Pasteurisierapparaten. 4. Fischig oder tranig riechende oder schmeckende Butter: von schlechter Rahmsäuerung, auch bei Butter aus stärker gesäuertem Rahm, wenn sie länger im Kühlhaus gelagert war, infolge Einwirkung von Milchsäure auf Lezithin und dadurch bewirkte Trimethylaminbildung.[1]) 5. Altschmeckende, kratzende Butter: befindet sich im Beginn des Ranzigwerdens. 6. Ranzige Butter (S. 20): Butter wird besonders rasch ranzig bei unreinlicher Milch- und Rahmbehandlung oder bei Verwendung von nicht ganz reinem (nicht abgekochtem) Waschwasser. 7. Talgiger Geruch und Geschmack: durch gleichzeitigen Einfluß von Licht und Luft bei langem Lagern oder durch übermäßige Bearbeitung des Rahmes und der Butter oder durch gewisse Mikroorganismen oder durch Verfütterung

---

[1]) *O. Rahn:* Die Rahmgewinnung und die Butterbereitung in *Winklers* Hdb. d. Milchwirtschaft, II. Bd., 2. Teil, 1931, J. Springer, Wien.

von verdorbenen Ölkuchen oder durch Gefrieren und Auftauen der Butter entstanden. 8. Bittere Butter: hängt mit der stärkeren Verwendung gewisser Futtermittel, z. B. Wundklee, Kohl, Stoppelrüben, Hundskamille, Rapskuchen, verdorbener Kartoffeln, Wickengemenge usw. oder mit der mangelhaft verzinnter oder mangelhaft emaillierter eiserner Gefäße (milchsaures Eisen) zusammen oder ist durch gewisse Mikroorganismen hervorgerufen. 9. Ranzig-bittere oder seifig-bittere Butter: aus Milch altmelker Kühe oder von solchen mit gewissen Euterfehlern („räß-salzige Milch") oder aus altem, schlecht gesäuertem Rahm gewonnen. 10. Butter mit Rübengeschmack: entsteht unter dem Einfluß bestimmter Mikroorganismen besonders bei Fütterung von Kohlrüben, manchmal auch von Runkelrüben usw. 11. Speckige, geile Butter: nach dem Verfüttern von viel jungem Klee, wohl auch durch Bakterien erzeugt. 12. Seifige Butter: von Sodaresten im Geschirr, dann vom Gebrauch stark kalkhaltigen oder sonst salzhaltigen Wassers. 13. Butter mit Malzgeschmack und bratig oder brenzlig schmeckende Butter: von gewissen Milchsäurebakterien. 14. Dumpfig oder muffig riechende und schmeckende Butter: wird durch Schimmelpilze in schlecht gelüfteten Aufbewahrungsräumen, durch dumpfige Butterfässer, dumpfige Kisten oder schimmelbefallenes Pergamentpapier hervorgerufen. 15. Räucherige Butter. 16. Saure Butter: kommt von zu stark gesäuertem Rahm, in dem sich Nebensäuerungen, besonders Essigsäuregärung, entwickelt haben. 17. Butter mit Pasteurisiergeschmack, d. h. mit Geschmack nach gekochter Milch: entsteht, wenn der stark pasteurisierte Rahm nicht genügend gekühlt und gelüftet wurde. 18. Käsige Butter: aus altem, saurem Rahm. 19. Staffige Butter: schmeckt etwas nach Roquefortkäse, was von Schimmelpilzen herrührt, die an den Wänden der Buttertonnen wachsen. 20. Butter mit an Schnupftabak erinnerndem Geruch und leicht fauligem Geschmack: von gewissen fluoreszenten Bakterien herrührend und besonders nach mangelhafter Reinigung der Geschirre auftretend.

IV. Fehler in der Haltbarkeit: vorzeitiges Schlechtwerden der Butter infolge Unreinlichkeit, wenn nicht Fehler bei der Aufbewahrung gemacht wurden. Oft wird die anfangs scheinbar sehr gute Butter bei gewöhnlicher Temperatur schon nach wenigen Tagen altschmeckend und verdirbt (sie heißt daher in Deutschland „Blendlingsbutter").

Die I. Qualität (S. 23) gilt als „Teebutter", die II. als „Tischbutter" („Tafelbutter", „Eßbutter" oder „Butter" schlechtweg), die III. als „Kochbutter" oder auch als „gute Einschmelzbutter" und die IV. unter Umständen (S. 23) als „mindere Einschmelzbutter". Es ist unzulässig, Butter II. und III. Qualität als „Teebutter" in den Verkehr zu bringen. Bei der IV. Qualität wird fallweise zu entscheiden sein, ob sie nicht als „verdorben" im Sinne des Lebensmittelgesetzes anzusehen ist. Die Ausdrücke „Landbutter",

„Bauernbutter" und „Molkereibutter" sind wohl keine Qualitätsbezeichnungen, sondern deuten auf die Herkunft hin, doch muß solche Butter, wenn nicht anderweitig bezeichnet, mindestens Butter II. Qualität sein. Gesalzene Butter muß dort, wo das Salzen der Butter nicht ortsüblich ist, als solche bezeichnet werden. Zum Gelbfärben der Butter bedient man sich von altersher der sogenannten „Butterfarben", des Anatto- oder Orleans-, manchmal auch des Kurkuma-, Saflor-, Ringelblumen- oder Safrangelbes und des Möhrensaftes; die Verwendung von Teerfarben wird zweckmäßig vermieden, weil solcherart gefärbte Butter bei einer Vorprüfung den Verdacht einer Fälschung mit Margarine erweckt.

Ein nicht selten vorkommendes unlauteres Verfahren besteht in der Einverleibung bezw. Belassung[1]) übermäßiger, d. s. 18% bezw. 16% (S. 21) des Buttergewichtes übersteigender Mengen von Wasser in die Butter und in der Beimengung fremder Fette oder Öle oder von Käsequark zur Butter und zum Butterschmalz; auch die Verwendung von Borsäure und ihren Salzen, von Benzoesäure, Fluoriden und anderen unzulässigen Konservierungsmitteln, dann jene von verbotenen Teerfarben (S. 37) ist nicht selten. Als unlauter ist es ferner zu bezeichnen, wenn Butter durch Wasserzusatz auf einen höheren Wassergehalt gebracht wird, und zwar auch dann, wenn durch diese Behandlung der gestattete Höchstgehalt der Butter an Wasser nicht überschritten wird. Ein etwaiger Zusatz von Mehl, Kartoffelbrei, Kreide, Gips u. dgl. läßt sich meist schon mit den Sinnen so leicht erkennen, daß er wohl nur als eine gelegentliche Erscheinung angesehen werden kann. Hier ist auch der Ort, einer Ware zu gedenken, die zwar an sich, das heißt wenn sie unvermengt und unter der ihrer wirklichen Beschaffenheit entsprechenden Bezeichnung „Aufgefrischte Butter" oder „Wiederaufgefrischte Butter" in den Verkehr gebracht wird, nicht beanstandet werden kann, die man aber ab und zu in Mischung mit frischer Butter oder unter der Bezeichnung „Frische Butter" auf dem Markt antrifft und auch als „Renovated"-Butter oder „Prozeßbutter" bezeichnet. Man versteht darunter ein Erzeugnis, das man aus ungenießbar gewordener, ranziger und oft auch schimmeliger Butter durch Schmelzen, Entsäuern mit Soda, Filtrieren, Behandlung mit Wasserdampf und nachträgliches Emulgieren in Milch oder Molke mit darauf folgendem Auswaschen und Auskneten herstellt. Es hat öfters einen bratenartigen, schwach ranzigen oder talgigen oder bitterlich seifigen Geschmack und Geruch, seltener, besonders

---

[1]) Es muß jedoch berücksichtigt werden, daß auch durch nicht sachgemäße Behandlung des Rahmes, namentlich durch zu sauren Rahm, durch nicht sachgemäße Bereitung und Behandlung der Butter der vorgeschriebene Wassergehalt überschritten werden kann. (Vergl. Butterfehler II, 2, S. 24.)

vermengt mit frischer Butter, ist es geschmack- und geruchlos; die „aufgefrischte Butter" zeigt unter dem Polarisationsmikroskop kristallinische Struktur (S. 38).

Schließlich sei noch der Butter als gelegentlicher Trägerin von Krankheitskeimen, vor allem der Tuberkulosebakterien, gedacht; die durch „Tuberkelbazillen" verunreinigte Butter behält die Infektionsfähigkeit selbst mehrere Wochen lang bei, wenngleich die Gefahr der Infektion wegen zunehmender Abschwächung der Virulenz tatsächlich rasch abnimmt. Durch kunstgerechtes Pasteurisieren des Rahmes bei 85^0 C werden die Tuberkelbazillen in wenigen Minuten getötet. Hinsichtlich des Verhaltens der Typhus-, der Mastitis- und Milzbrandbakterien und des Erregers der Maul- und Klauenseuche in der Butter wird auf die einschlägige Literatur verwiesen.

Bezüglich des Butterschmalzes (S. 19) ist hervorzuheben, daß die Butter bei seiner Herstellung entweder in geeigneten Vorrichtungen etwa $1\frac{1}{2}$ bis 3 Stunden lang mit Hilfe von siedendem Wasser oder in Kesseln über freiem Feuer erhitzt („ausgelassen") werden muß. Im zweiten — häufigeren — Falle hat man sorgfältig darauf zu achten, daß sie sich nicht zu sehr bräunt. Der Gewichtsverlust beim Auslassen beträgt je nach dem Gehalt der Butter an Wasser, Kasein usf. 18 bis 20%. In Wien wird an das Butterschmalz die Anforderung gestellt, daß es ohne Rühren zum Erstarren gebracht worden ist und demgemäß eine mehr kristallinisch-körnige, „grießliche" Masse darstellt. In den Alpenländern pflegt man es während des Erkaltens zu rühren; es besitzt dann ein gleichmäßiges Aussehen und eine gewisse Streichbarkeit. Doch nimmt auch die grießliche Sorte eine gewisse zähe Beschaffenheit an, wenn sie bei höherer Temperatur transportiert und dann in einem kühlen Keller aufbewahrt wird. Butterschmalz wird nicht gesalzen und kommt gewöhnlich in Holzkübeln in den Handel, der zwischen einer ersten Qualität, dem „doppeltgesottenen Butterschmalz" mit einer Haltbarkeit von mindestens 8 bis 9 Monaten, und einer zweiten Qualität, dem „einmal ausgelassenen Butterschmalz" oder der sogenannten „Merkantilware", die etwa 2 bis 3 Monate lang haltbar ist, unterscheidet. Hinsichtlich der unlauteren Verfahrensarten gilt das früher (S. 26) Gesagte auch hier.

Anmerkung. Schafbutter, Ziegenbutter und Büffelbutter kommen in Österreich selten und nur in bestimmten Gegenden zur Verwendung. Die Schafbutter wird gewöhnlich aus der bei der Schafkäserei verbleibenden, sehr fettreichen Molke auf recht primitive Weise oder aber direkt aus der Schafmilch gewonnen; sie hat, aus der Molke gewonnen, eine weiße, schmierige Beschaffenheit. Ziegenbutter kommt oft in geringer Menge in der Vorbruchbutter oder Molkenrahmbutter (S. 22) vor, weil man auf vielen Alpen neben den Kühen Ziegen hält und deren Milch gemeinsam mit der Kuhmilch auf Laibkäse verarbeitet.

2. Probeentnahme

Die Verteilung des Wassers, der Eiweißstoffe, anderer Milchbestandteile und unter Umständen der Buttermilchreste in der Butter ist häufig recht ungleich. Die Probeentnahme muß deshalb an verschiedenen Stellen und zwar so erfolgen, daß die gezogene Probe der tatsächlichen durchschnittlichen Beschaffenheit der Ware entspricht. Bei großen Stücken und Fässern bedient man sich am zweckmäßigsten eines geeigneten Butterstechers; von geformter Butter sind Proben aus zwei oder drei Einzelstücken oder -packungen, eventuell auch zwei oder drei ganze Einzelstücke oder -packungen zu entnehmen. Das Gesamtgewicht der Probe soll mindestens 200 g betragen. Bei ihrer Verpackung ist sowohl auf Licht- und Luftabschluß als auch auf die Fernhaltung von Wärme zu sehen. Die Verpackung hat deshalb in Gefäßen aus Porzellan, Steingut oder Glas, oder in verzinnten Blechdosen zu erfolgen; die Probe muß das Gefäß möglichst ausfüllen. Bei Versendung der Gefäße mit den entsprechend bezeichneten Proben sind als Umhüllung stärkere, reine Holzkisten oder Pappschachteln zu verwenden; die Absendung selbst ist möglichst zu beschleunigen.

3. Untersuchung

Die Auswahl der bei der Butteruntersuchung auszuführenden Bestimmungen richtet sich nach der Fragestellung. In der überwiegenden Mehrzahl aller Fälle kann sich die Untersuchung der Butter und des Butterschmalzes auf die Qualitätsprüfung, die Bestimmung des Wassergehaltes, den Nachweis der Echtheit des Butterfettes und die Feststellung der Abwesenheit verbotener Konservierungsmittel und Farbstoffe beschränken. Die übrigen im folgenden beschriebenen Verfahren kommen nur im Bedarfsfalle zur Anwendung.

A. Sinnenprüfung
(Qualitätsprüfung)

Für die Prüfung der Butter auf ihre äußeren Eigenschaften muß die Probe eine Temperatur von 12 bis 18° C haben, weshalb man sie erforderlichenfalls einige Stunden lang in einem Raum lagern läßt, in dem diese Temperatur herrscht. Man beurteilt die Farbe, den Glanz und das Gefüge außen und auf der frischen Schnittfläche; dann macht man mit dem flachen Messer Eindrücke und beobachtet, ob sich klare Wasser- oder trübe Buttermilchtröpfchen zeigen. Der Geruch ist am besten unmittelbar nach Zurückschlagen der enganliegenden Umhüllung oder auf einer frischen Schnittfläche wahrzunehmen. Um den Geschmack möglichst rein zu erhalten, entnimmt man die Kostprobe mit einem sauberen Spatel oder Löffel aus Horn, Silber oder Nickel (nicht aber mit einer blanken Messerklinge!) aus der Mitte des Stückes.

B. Chemisch-physikalische Untersuchung

Falls die Probe sehr ungleichmäßig ist, bringt man sie zur Erzielung gleichmäßiger Beschaffenheit in ein Becherglas, schmilzt sie durch Einstellen in warmes Wasser, rührt sie gut durch und läßt sie schließlich unter Rühren wieder erstarren.

1. Wasser

a) Schnellmethode (das Aluminiumbecherverfahren; für praktische Zwecke genügend genau, Differenz kaum mehr als $+\,0,3\%$). Hiebei werden 10 g Butter in einem eigenen Aluminiumbecher über kleiner Flamme unter Umschwenken erhitzt, bis alles Wasser verdampft ist, was gewöhnlich nach 2 bis 4 Minuten eintritt und sich daran erkennen läßt, daß das knisternde Geräusch aufhört, an die Stelle des großblasigen Schaumes ein feiner weißer Schaum tritt und sich die Butter, bzw. die Kaseinteilchen derselben zu bräunen beginnen. Aus der Gewichtsdifferenz, die auf eigenen Waagen mittels Reitergewichten bestimmt wird, ergibt sich der Wassergehalt direkt in Gewichtsprozenten.

b) Genaue Wasserbestimmung. In eine flache Schale von etwa 6 cm Durchmesser wird eine Schichte von etwa 15 g ausgeglühtem Bimssteinpulver oder ausgeglühtem Seesand gebracht, die Schale zunächst in einem Trockenschrank bei 100°C eine Stunde lang getrocknet und nach dem im Exsikkator erfolgten Abkühlen gewogen. Man fügt nun etwa 5 g der entsprechend vorbereiteten Butterprobe (s. oben) hinzu und hält die Schale im Trockenschrank bei einer Temperatur von nicht über 100°C bis zur Gewichtskonstanz, die gewöhnlich längstens in 2 bis 3 Stunden erreicht wird. Bei allzu langer Erhitzung erfolgt eine teilweise Oxydation des Fettes und es tritt infolgedessen eine Gewichtserhöhung ein.

2. Fett

A. Bestimmung des Fettgehaltes der Butter

a) Extraktionsmethode. 5 g Butter werden in einem geeigneten Schälchen geschmolzen, mit 20 g Gips gemischt oder auf 20 g Gipspulver gegeben und dann 3 Stunden lang bei 100°C getrocknet. Die trockene Masse bringt man in eine Papierhülse, schließt diese mit einer 1 bis 2 cm hohen Watteschicht und extrahiert hierauf im *Soxhlet*schen Apparat, der zur Sicherheit mit einem zweiten Wattebausch unterhalb der Hülse versehen ist, mit Petroläther (Sdp. unter 50°C) bis zur Erschöpfung. Nach dem Abdunsten des Petroläthers wird das Kölbchen bei 100°C bis zum Gewichtsminimum getrocknet.

b) Methode von *Röse-Gottlieb*. Man bringt 2 g Substanz in einen *Röhrig*schen Meßzylinder und zwar so, daß die Butter, ohne die Wände zu berühren, auf den Boden gelangt, fügt 8 ccm heißes Wasser, 1 ccm Ammoniak (spez. Gew. 0,91 bis 0,92) und 10 ccm Alkohol hinzu und schüttelt gut durch, bis sich die Eiweißstoffe gelöst haben. Nach dem Abkühlen werden 25 ccm Äther und darauf 25 ccm Petroläther zugegeben. Jedesmal wird gut geschüttelt. Nach mindestens zweistündigem Stehen wird ein aliquoter Teil der klar abgeschiedenen Fettlösung in ein gewogenes weithalsiges und niedriges Kölbchen abgezogen, das Lösungsmittel auf dem Wasserbade verdunstet, das Kölbchen mit dem Rückstand in einen Wassertrockenschrank gebracht und bis zum Gewichtsminimum getrocknet.

c) Berechnung des Fettes: die für Wasser und wasserfreies Nichtfett (Kaseïn, Milchzucker und Mineralbestandteile) gefundenen Werte von 100 abgezogen, ergeben den Fettgehalt.

B. Untersuchung des Fettes

a) Vorprüfung. Für den Kenner äußert sich die Gegenwart fremder Fette im Butterfett oft in einer mehr oder weniger deutlichen Veränderung der wichtigsten Eigenschaften, des Geruches, des Geschmackes und des Aussehens der Butter. Auch die sogenannte „Schmelzprobe" leistet bei der Vorprüfung gute Dienste: 10 bis 20 g Butter werden in einem Glasgefäß an einem warmen Orte (bei etwa 80⁰ C) ruhig zum Schmelzen gebracht. Liegt reine Butter vor, so ist das Fett in der Regel klar, bei Mischungen mit Margarine aber trüb; stark ranzige und Vorbruchbutter zeigen ebenfalls eine trübe Schmelze. Zum Nachweis von Margarine, aufgefrischter Butter und Butterschmalz dient auch das Polarisiationsmikroskop[1]), da alle diese Fette Fettkristalle enthalten, Butter jedoch nicht.

b) Physikalische Methoden:

Das spez. Gewicht, der Schmelzpunkt und der Erstarrungspunkt des Butterfettes werden nach den in Heft XI, S. 42, angegebenen Methoden ermittelt.

Das Lichtbrechungsvermögen wird in der Regel mit den *Zeiß*schen Apparaten (Refraktometer nach *Abbe* und Butterrefraktometer) oder mit dem *Goerz*schen Apparat bestimmt. Das Refraktometer nach *Abbe* gestattet die direkte Ablesung des Brechungsindex, während beim Butterrefraktometer die Ablesung an einer empirischen hundertteiligen Okularskala erfolgt. Das *Abbe*sche Refraktometer wird mit Hilfe eines dem Apparat beigegebenen Normalblättchens oder mit reinem, destilliertem Wasser, dessen Brechungsindex bei 18⁰ C $n_D =$ 1,3330 beträgt, geeicht. Zur Überprüfung der richtigen Einstellung der Okularskala beim Butterrefraktometer bedient man sich eines Öles[2]), dessen Brechungsindex bekannt ist. Zwischen Brechungsindex

---

[1]) *Litterscheidt*, Zeitschrift f. Untersuchung der Nahrungs- und Genußmittel, sowie der Gebrauchsgegenstände, 1924, 48. Bd., S. 53.

[2]) Das von der Firma Zeiss unter der Bezeichnung „Normalflüssigkeit zur Eichung des Butterrefraktometers" in den Handel gebrachte

(n_D) und Refraktometerzahl (R) besteht nach *Richmond*[1]) die Beziehung:
$$287{,}2 - R = 839{,}4 \sqrt{1{,}5395 - n_D}$$

Für Butterfett wird die Lichtbrechung in der Regel mit dem Butterrefraktometer bei 40° C bestimmt und in Skalenteilen („Refraktometerzahl") angegeben. Bei einer von 40° abweichenden Beobachtungstemperatur, die immer auf Zehntelgrade genau zu messen ist, sind für Butterfett für jeden Grad über 40° 0,55 Skalenteile zu addieren, für jeden Grad unter 40° ebensoviel abzuziehen. Auf die Notwendigkeit häufiger Eichung besonders des Butterrefraktometers, dessen Okularskala verhältnismäßig leicht verschiebbar ist, wird nochmals verwiesen.

Alle tierischen und pflanzlichen Fette, mit Ausnahme der Fette der Kokosölgruppe, deren Lichtbrechungsvermögen niedriger ist, haben eine höhere Refraktometerzahl als das Butterfett. Da das Lichtbrechungsvermögen eine additive Eigenschaft ist, kann eine Erhöhung der Refraktometerzahl, die durch einen Zusatz z. B. von Rindertalg bedingt war, durch eine gleichzeitige Beimengung von Kokosfett wieder aufgehoben werden. Daher ist eine normale Lichtbrechung keinesfalls beweisend für die Echtheit des Butterfettes. Hingegen ist eine Refraktometerzahl unter 41 oder über 45 schon als auffällig zu bezeichnen.

Für die Beurteilung der Echtheit des Butterfettes kommt auch die im Refraktometer zu beobachtende Färbung der Grenzlinie in Betracht. Bei reinem, ungefärbtem Butterfett ist diese Grenzlinie meist rötlich-braun, bei Margarine meist bläulich.

c) Chemische Methoden:

Die für die Butterfettuntersuchung in Betracht kommenden chemischen Untersuchungsmethoden sind: die „*Reichert-Meißl-*" und „*Polenske*-Zahl", die „A-" und „B-Zahl", die Verseifungszahl, die Jodzahl und die Phytosterinprobe. Die Art der Durchführung dieser Bestimmungen ist bereits in Heft XI und XII, S. 43 bis 46, beschrieben.

Zur Vorprüfung auf Sesamöl[2]) ist das klar filtrierte Butterfett nach dem Verfahren von *Baudouin*[3]) zu prüfen; jedoch beweist ein

---

Eichungsöl zeigt eine nach dem Herstellungsjahr schwankende Beschaffenheit und ist nur mit der für jedes Öl gesondert ermittelten und demselben beigegebenen Eichungstabelle zur Einstellung der Skala verwendbar. Dieses Öl ist somit kein „Normalöl" und die in verschiedenen Lehrbüchern mitgeteilten Eichungstabellen sind nicht zutreffend.

[1]) The Analyst 1919, Bd. 44, S. 167.

[2]) Nach § 4 des Margaringesetzes und Artikel I der ersten Durchführungsverordnung ist den bei der Erzeugung von Margarine, Margarinschmalz, Oleomargarin und Margarinkäse, welche für den Handel im Inlande bestimmt sind, zur Verwendung kommenden Fetten und Ölen Sesamöl zuzusetzen, doch kann gemäß Verordnung vom 6. April 1915, RGBl. Nr. 95, an Stelle von Sesamöl Dimethylamidoazobenzol (2 g auf 100 kg) zur Kennzeichnung von Margarine verwendet werden.

[3]) Siehe Heft XI u. XII, „Speisefette und Speiseöle", 1927, 2. Aufl., S. 47.

negativer Ausfall dieser Reaktion nicht die Abwesenheit von Margarine, da nicht selten unzulässigerweise raffiniertes Sesamöl zur Herstellung von Margarine verwendet wird, welches die Reaktion nicht mehr gibt.

Der Gehalt der Butter an flüchtigen, wasserlöslichen Fettsäuren, deren Ausdruck die *Reichert-Meißl*-Zahl (R. M. Z.) darstellt, ist von vielen Umständen, wie Jahreszeit, Klima, Rasse, Körperbefinden, Laktationsperiode, Fütterungsart usw., abhängig. Wegen der großen natürlichen Schwankungen — das Minimum dürfte 24 (22) und das Maximum 36 betragen — ist eine Berechnung des Butterfettgehaltes einer Probe auf Grund der ermittelten *Reichert-Meißl*-Zahl nicht statthaft. Nur gröbere Verfälschungen (über 20%) werden in der Regel schon mit Hilfe der R. M. Z. mit Sicherheit erkennbar sein.

Die R. M. Z. fast aller Speisefette ist kleiner als 1. Nur die Fette der Kokosölgruppe haben eine nennenswerte Menge flüchtiger wasserlöslicher Säuren. Kokosfett hat eine R. M. Z. von 6 bis 9, Palmkernfett eine solche von 5 bis 7. Somit wird die R. M. Z. der Butter durch den Zusatz jedes fremden Fettes erniedrigt. Durch die Gegenwart von Konservierungsmitteln (z. B. Benzoesäure), die mit Wasserdampf flüchtig sind, kann die R. M. Z. erhöht werden.

Die *Polenske*-Zahl (P. Z.), die ein Maß darstellt für die flüchtigen, wasserunlöslichen Fettsäuren, ist, so wie die R. M. Z., gewissen natürlichen Schwankungen ausgesetzt. Ziegen- oder Schafbutter zeigen erhöhte P. Z., ebenso wird die P. Z. durch Fütterung von Hefe, Rübenabfällen, Kokos- oder Palmkernkuchen erhöht. Die P. Z. von Kokosfett beträgt etwa 17 bis 18, von Palmfett 8,5 bis 11, von Butterfett etwa 1,5 bis 3,5. Alle anderen Fette haben verschwindend kleine P. Z. Daher wird die P. Z. von Butterfett durch einen Zusatz eines Fettes der Kokosölgruppe erhöht, während eine Beimengung eines anderen Fettes sie in der gleichen Weise erniedrigt wie die R. M. Z. Bei unverfälschtem Butterfett entspricht einer höheren R. M. Z. auch eine höhere P. Z. Das Verhältnis zwischen diesen beiden Zahlen läßt sich nach *Richmond*[1]) durch folgende Formel ausdrücken:

R. M. Z. $\times$ 0,033 — 0,6155 = log (P. Z. — 0,48).

Einen Überblick über das Verhältnis der *Reichert-Meißl*-Zahl zur *Polenske*-Zahl gibt auch die folgende Tabelle.

Wird die P. Z. höher gefunden als der Berechnung entspricht, so ist der Verdacht einer Verfälschung mit einem Fett der Kokosfettgruppe gegeben. Hiebei ist zu beachten, daß ein Zusatz von 10% Kokosfett die P. Z. um 0,8 bis 1,2 erhöht. Falls keine grobe Verfälschung vorliegt, muß zum sicheren Nachweis von Kokosfett die Phytosterinprobe ausgeführt werden.

Die „A-" und „B-"Zahlen sind von den gleichen Faktoren abhängig und unterliegen ähnlichen natürlichen Schwankungen wie die P. Z.

---

[1]) The Analyst 1919, Bd. 44, S. 166.

Beiläufiges Verhältnis der *Reichert-Meißl-* zur *Polenske-* Zahl. (Nach *Polenske*)

Reichert-Meißl-Zahl	Polenske-Zahl	Höchste zulässige Polenske-Zahl	Reichert-Meißl-Zahl	Polenske-Zahl	Höchste zulässige Polenske-Zahl
20 bis 21	1,3 bis 1,4	1,9	25 bis 26	1,8 bis 1,9	2,4
21 „ 22	1,4 „ 1,5	2,0	26 „ 27	1,9 „ 2,0	2,5
22 „ 23	1,5 „ 1,6	2,1	27 „ 28	2,0 „ 2,2	2,7
23 „ 24	1,6 „ 1,7	2,2	28 „ 29	2,2 „ 2,5	3,0
24 „ 25	1,7 „ 1,8	2,3	29 „ 30	2,5 „ 3,0	3,5

und die R. M. Z.[1]) Wegen des hohen Genauigkeitsgrades der Buttersäurebestimmung, welche die „B-"Zahl darstellt, ist diese Methode besonders geeignet, geringe Butterzusätze zu anderen Fetten zu ermitteln. So kann ein Butterfettzusatz unter 10% mit einer Genauigkeit von weniger als 0,5% bestimmt werden. Wegen der natürlichen Schwankungen des Buttersäuregehaltes der verschiedenen Buttersorten fällt diese Genauigkeit bei an Butterfett reicheren Mischungen rasch ab. Deshalb kann ein Zusatz von Fremdfett zu Butterfett, der unter 15% beträgt, in der Regel mit Hilfe der „A-" und „B-"Zahl nicht mit Sicherheit erkannt werden.

Die Verseifungszahl (V. Z.) des Butterfettes wird durch Zugabe von Fetten der Kokosfettgruppe erhöht, durch Beimengung anderer Speisefette erniedrigt. Die Differenz: R. M. Z. — (V. Z. — 200)[2]) beträgt für Butterfett in der Regel annähernd 0 (— 4 bis + 4). Bei Kokosfettzusatz wird die Differenz negativ und kann bei reinem Kokosfett — 40 bis — 60 betragen.

Die Ermittlung der Jodzahl ist für die Beurteilung der Echtheit des Butterfettes von geringerer Bedeutung. Alle tierischen und pflanzlichen Speisefette mit Ausnahme der Fette der Kokosölgruppe, die eine niedrigere Jodzahl haben, haben eine höhere Jodzahl wie das Butterfett. Jodzahl und Refraktometerzahl eines Fettes sind bei gleicher Verseifungszahl proportionale Größen. *Lund*[3]) gibt für die Beziehung zwischen Berechnungsindex (n_D), Verseifungszahl (V. Z.) und Jodzahl (J) folgende Formel, deren Richtigkeit an zahlreichen praktischen Fällen überprüft werden konnte:

$$1000 \, n_D = 1468{,}8 - 0{,}08 \times V.\,Z. + 0{,}11 \times J$$

---

[1]) *Gangl* (Privatmitteilung) fand bei 126 Proben verschiedener Herkunft „A-"Zahlen von 5,4—7 und „B-"Zahlen von 29,2—38,4. Für Kokosfett und Palmkernfett wurden „A-"Zahlen von 27,4—28 bezw. 16,5—17 und „B-"Zahlen von 2,4—2,8 bezw. 1,8—2 gefunden.

[2]) Zeitschrift für Untersuchung der Nahrungs- und Genußmittel sowie der Gebrauchsgegenstände, 1904, Bd. 7, S. 193.

[3]) Ebenda, 1922, Bd. 44, S. 113.

Der sicherste Nachweis eines Zusatzes von Pflanzenfett zu einem tierischen Fett wird mit Hilfe der Phytosterinprobe erbracht. Der Nachweis gründet sich darauf, daß der Essigsäureester von Phytosterin in Alkohol schwerer löslich ist wie jener von Cholesterin und daß die Schmelzpunkte der beiden Ester große Differenzen zeigen. Der Nachweis von Pflanzenfett gilt dann als erbracht, wenn das Sterinazetat bei 116,0^0 noch nicht klar durchgeschmolzen ist. Die bei sorgfältigem Arbeiten außerordentlich empfindliche Reaktion läßt häufig noch 1% Pflanzenfett in tierischen Fetten erkennen. Bei mit Kokosfett verfälschter Butter liegen die Verhältnisse etwas ungünstiger, da Kokosfett sehr arm an Sterinen ist. Bei Gegenwart hydrierter Fette versagt die Probe fast immer, da das Phytosterin durch die Hydrierung zum Großteil in Kohlenwasserstoffe verwandelt wird.

Die Kennzahlen des Butterfettes werden, mit Ausnahme des Schmelzpunktes des Sterinazetats, durch einen Zusatz der verschiedenen pflanzlichen Fette, Kokos- und Palmkernfett ausgenommen, im gleichen Sinne beeinflußt, wie durch eine Beimengung tierischer Speisefette: die Refraktometerzahl und Jodzahl werden erhöht, die *Reichert-Meißl*-Zahl, die *Polenske*-Zahl, die „A-" und „B-"Zahl sowie die Verseifungszahl erniedrigt.

Ein Zusatz von Kokos- oder Palmkernfett bedingt eine Erniedrigung der Refraktometer- und Jodzahl sowie der *Reichert-Meißl*- und „B-" Zahl und eine Erhöhung der *Polenske*-, Verseifungs- und „A-"Zahl.

3. Wasserfreies Nichtfett

5 oder 10 g Butter werden in einer halbkugelförmigen Glasschale mit Ausguß gewogen und dann unter häufigem Umrühren etwa 6 Stunden im Trockenschrank bei 100^0 C vom größten Teile des Wassers befreit. Nach dem Erkalten wird das Fett mit etwas absolutem Alkohol und Äther gelöst, der Rückstand durch ein gewogenes Filter filtriert und dieses mit Äther hinreichend nachgewaschen, bis ein Tropfen des Filtrates beim Verdunsten auf einem Uhrglas keinen Rückstand mehr hinterläßt. Das Filter mit dem Nichtfett wird sodann getrocknet und gewogen.

4. Stickstoffhaltige Stoffe

Die Menge der stickstoffhaltigen Stoffe („Eiweiß") wird nach *Kjeldahl* bestimmt. Man verwendet das Filter samt Inhalt von der Ermittlung des „Nichtfettes" (siehe oben) und multipliziert den Gehalt an Stickstoff mit 6,37.

5. Asche (Mineralbestandteile) und Kochsalz

Zur Bestimmung der Asche kann das Filter mit dem gesamten „Nichtfett" in einer Platinschale über kleiner Flamme verkohlt werden. Die Kohle wird mit Wasser befeuchtet, zerrieben und mit heißem Wasser ausgelaugt, der Rückstand auf einem kleinen Filter gesammelt, mit wenig Wasser wiederholt nachgewaschen, dann das Filter in die Platinschale zurückgebracht, getrocknet und verascht. Darauf gibt man die filtrierte Lösung in die Platinschale zurück, verdampft nach Zusatz von etwas Ammoniumkarbonat zur Trockene, glüht schwach, läßt im Exsikkator erkalten und wägt. Die Bestimmung des Kochsalzes erfolgt entweder gewichts- oder maßanalytisch in dem wässerigen Auszug der Asche bzw. bei hohem Kochsalzgehalt der Asche in einem abgemessenen Teile des auf einen bestimmten Raumgehalt gebrachten Aschenauszuges. Will man die Entfettung und Veraschung umgehen, so werden nach *Mansfeld*[1]) etwa 20 g Butter mit 200 ccm Wasser in einem Kolben erwärmt. Nach dem Schmelzen schüttelt man gut durch, kühlt ab und filtriert. In 100 ccm des Filtrates bestimmt man das Chlor unmittelbar durch Titration. Das Ergebnis ist auf die gesamte Raummenge von 200 ccm, vermehrt um den Wassergehalt von 20 g Butter umzurechnen.

6. Milchzucker

Wenn man vom Gehalt an Nichtfett (S. 34) die Summe des Gehaltes an stickstoffhaltigen Stoffen (S. 34) und an Asche einschließlich Kochsalz abzieht, so ergibt sich der Gehalt an Milchzucker.

7. Säuregrad und Ranzigkeitsprüfung

Der Grad der Ranzigkeit wird am besten durch die Sinnenprobe bestimmt, da der „Säuregrad" keinen sicheren Maßstab für die Ranzigkeit abgibt.

Unter „Säuregrad" versteht man die Anzahl Kubikzentimeter Normalalkali, die zur Sättigung der in 100 g Butterfett enthaltenen freien Fettsäuren erforderlich sind (S. 22). Zu seiner Ermittlung werden 5 bis 10 g geschmolzenes und filtriertes Butterfett in 30 bis 40 ccm einer Mischung gleicher Raumteile von säurefreiem Alkohol und Äther gelöst und unter Verwendung von Phenolphtaleinlösung als Indikator mit 0,1 n-Lauge titriert. Die Anzahl der verbrauchten Kubikzentimeter durch 10 dividiert und auf 100 g Fett umgerechnet, liefert den gesuchten Säuregrad (Ranzigkeitsgrad).

Als „Säurezahl" bezeichnet man die Anzahl Milligramme Kaliumhydroxyd, welche zur Neutralisation der in 1 g Fett enthaltenen freien Fettsäuren notwendig sind. (Säurezahl $\times$ 1,78 = Säuregrad, Säuregrad $\times$ 0,56 = Säurezahl.)

Da auch ein Teil der freien Säuren im Wasser der Butter gelöst sein kann, so kann man den Gehalt der Butter an freien Säuren auch bestimmen, indem man 5 g Butter in einer Mischung von gleichen Raumteilen Alkohol und Äther löst und die freien Säuren unter Verwendung von Phenolphtalein mit 0,1 n-Lauge titriert.

---

[1]) *Mansfeld*, Die Untersuchung der Nahrungs- und Genußmittel und einiger Gebrauchsgegenstände, III. Auflage, Wien u. Leipzig, 1918, S. 50.

Nach *Kerr* und *Sorber*[1]) kann der Nachweis der Ranzigkeit durch folgende Reaktion geschehen: 10 ccm Fett werden mit 10 Tropfen einer wässerigen Lösung von Hämoglobin, 5 Tropfen einer alkoholischen Lösung von Guajakol (5 g in 100 ccm 75grädigen Alkohol gelöst) und 10 ccm destilliertem Wasser geschüttelt; Blaufärbung nach kurzem Stehen zeigt Ranzigkeit an, da ranzige Fette lose gebundenen (labilen) Sauerstoff enthalten. Eine Salzlösung statt Wasser und Hinzufügen von Alkohol verschärft die Probe und kürzt die Reaktionsdauer.

Auf Aldehyde, Ketone und sonstige Oxydationsprodukte prüft man nach *Wiedmann*,[2]) indem man gleiche Raumteile geschmolzenen Fettes, Salzsäure vom spez. Gew. 1,19 und ätherischer Phloroglucinlösung (1-prozentig) schüttelt. Bei verdorbenem Fett tritt Rotfärbung ein.

8. Nachweis der Herstellung aus pasteurisiertem Rahm

Man schmilzt etwa 25 g Butterfett in einem Becherglas durch Einstellen in warmes Wasser von höchstens 60⁰ C, läßt das abgeschiedene klare Butterfett ab, vermischt den weißen Bodensatz mit der gleichen Raummenge Wasser, bringt die so erhaltene Flüssigkeit in ein Probe- röhrchen und fügt schließlich einen Tropfen stark verdünntes Wasserstoffsuperoxyd und 2 Tropfen Paraphenylendiaminlösung hinzu. Der Eintritt einer deutlichen Blaufärbung zeigt an, daß der Rahm, aus dem die Butter bereitet wurde, nicht auf 80⁰ C oder höher erhitzt worden ist.

9. Konservierungsmittel

Die Prüfung auf Konservierungsmittel erfolgt in nachstehender Weise:

a) Borsäure

10 g Butter werden mit alkoholischer Kalilauge in einer Platinschale verseift, die Seifenlösung wird eingedampft, verascht und die Asche mit Salzsäure übersättigt. In die salzsaure Lösung taucht man einen Streifen gelbes Kurkumapapier und trocknet dasselbe auf einem Uhrglase bei 100⁰ C. Bei Gegenwart von Borsäure zeigt die eingetauchte Stelle des Kurkumapapiers eine rote Färbung, die durch Auftragen eines Tropfens verdünnter Natriumkarbonatlösung in Blau übergeht. Auch durch Veraschung eines wässerig-alkalischen Auszuges von Butter, Versetzen der Asche mit Methylalkohol und konzentrierter Schwefelsäure und Entzünden des Alkohols läßt sich Borsäure an der Grünfärbung der Flamme erkennen.

b) Salizylsäure

Man fügt in einem Probierröhrchen zu 4 ccm Alkohol von 20 Volum-

---

[1]) Journ. Ind. and Engin. Chem. 15 (1923) 383; Zeitschrift für Untersuchung der Nahrungs- und Genußmittel sowie der Gebrauchsgegenstände, 1924, 47. Bd., S. 368.
[2]) Ebenda, 1904, Bd. 8, S. 136.

prozenten 2 bis 3 Tropfen einer verdünnten Eisenchloridlösung, setzt 2 ccm Butterfett hinzu und mischt die Flüssigkeiten, indem man das mit dem Daumen verschlossene Probierröhrchen oftmals umschüttelt. Bei Gegenwart von Salizylsäure färbt sich die wässerig-alkoholische Schicht violett.

c) Formaldehyd

50 g Butter werden in einem Kölbchen von etwa 250 ccm Inhalt mit 50 ccm Wasser versetzt und erwärmt. Nachdem die Butter geschmolzen ist, destilliert man unter Einleiten von Wasserdampf 25 ccm Flüssigkeit ab. 10 ccm Destillat werden mit etwas reiner Milch vermischt und mit eisenhältiger konzentrierter Schwefelsäure unterschichtet. Bei Gegenwart von Formaldehyd färbt sich die Berührungszone violett.

d) Benzoesäure

50 g Butter werden mit 50 ccm Barytwasser versetzt, unter Umrühren auf dem Wasserbade geschmolzen, abkühlen gelassen und die wässerige Schicht vom erstarrten Fett abfiltriert. Das alkalische Filtrat wird auf ein Viertel des Volumens eingeengt und dann unter Zusatz von etwas Gipspulver bis zur Trockene eingedampft. Den fein gepulverten Rückstand säuert man mit etwas verdünnter Schwefelsäure an und schüttelt in der Kälte 3 bis 4 mal mit 50prozentigem Alkohol aus. Die vereinigten Auszüge werden mit Barytwasser neutralisiert und eingedickt. Man säuert hierauf neuerlich an und wiederholt die Ausschüttelung, wodurch man die Benzoesäure in fast reinem Zustand gewinnt. Man löst sie dann in Wasser, fügt einige Tropfen Ammoniak zu, verdunstet den Überschuß des letzteren und versetzt nach dem Erkalten mit neutraler Eisenalaunlösung. Ein rötlicher Niederschlag zeigt Benzoesäure an. Die neuestens häufiger als Konservierungsmittel verwendeten Ester substituierter Benzoesäuren müssen nach den Angaben der Originalliteratur nachgewiesen werden.

10. Verbotene Farbstoffe

Der Nachweis eines oder mehrerer der im § 2, II der „Farbenverordnung" (vom 17. Juli 1906, RGBl. Nr. 142, teilweise abgeändert und ergänzt durch die Verordnung vom 10. November 1928, BGBl. Nr. 321) angeführten gesundheitsschädlichen Teerfarben erfolgt nach Anwendung geeigneter Lösungsmittel (Petroläther, 60prozentiger Alkohol, eventuell unter Erwärmen oder Salzsäurezusatz, Lösung von salizylsaurem Natron) nach den Angaben in der Literatur. Gefärbtes Butterfett gibt hiebei eine deutlich gelbe Lösung, während nicht künstlich gefärbtes Butterfett dem Lösungsmittel keine oder nur eine schwach gelbliche Färbung verleiht.

Teerfarbstoffe lassen sich von den Pflanzenfarbstoffen trennen, wenn man sie mit schwächerer Salzsäure (sp. Gew. = 1,065) extrahiert.

11. Fremde Zusätze anderer Art (S. 26)

Das Vorhandensein von Mehl, Kartoffelfragmenten, anorganischen Zusätzen usw. ergibt sich bei der Untersuchung des Rückstandes einer alkoholisch-ätherischen Lösung der Butter nach den allgemeinen Verfahren der analytischen Chemie; unter Umständen leistet hiebei auch das Mikroskop gute Dienste.

C. Mikroskopische Untersuchung

Man legt nach *Winkler*[1]) einen ganz dünnen Schnitt Butter, ohne ihn zu verschmieren, auf einen Objektträger in einen Tropfen reinen Glyzerins und beobachtet bei etwa 300 bis 600maliger Vergrößerung. Das mikroskopische Bild lehrt, daß die Butter ganz aus aneinandergefügten Fettkügelchen mit dazwischen eingestreuten einzelnen Serum- und Plasmatropfen besteht. Die durch das Glyzerin durchsichtig gewordenen Fettkügelchen sind unter normalen Verhältnissen vollkommen erhalten; ihre Hülle tritt in Gestalt meist etwas geschrumpfter Häutchen deutlich hervor. Letztere verhindern, daß die Fettkügelchen beim Buttern zusammenfließen oder sich verschmieren und bedingen das eigentümlich körnige Gefüge der guten Butter auch dann, wenn sie aus pasteurisiertem Rahm bereitet wurde. Bei überarbeiteter, zu schnell oder zu warm bereiteter Butter (S. 24) treten neben den Fettkügelchen und ihren Hüllen große hüllenlose, mit Serum- oder Plasmatropfen durchsetzte Fettropfen und Fettmassen auf. In älterer, besonders bei höherer Temperatur aufbewahrter Butter sind die Grenzen der Fettkügelchen mehr verwischt; das Fett erscheint zusammengeflossen. Immerhin läßt sich aber auch hier noch ein Teil der Fettkügelchen deutlich unterscheiden und die verschmolzenen Hüllen bleiben als solche erkennbar. Die einzelnen Fettkügelchen oder ihre Hüllen sind das sicherste Kennzeichen der Butter; für gewöhnlich haben sie keine vollkommen runde, sondern eine etwas unregelmäßige Gestalt, jedenfalls infolge des gegenseitigen Druckes während des Erstarrens. Sauerrahmbutter unterscheidet sich von der frischen Süßrahmbutter durch stärker angegriffene Hüllen der Fettkügelchen, sowie durch die Gegenwart feiner Kaseinkörnchen zwischen den Fettkügelchen und durch jene verstreuter Eiweißflöckchen. Größe und Zahl dieser Eiweißflöckchen sind bei den einzelnen Buttersorten verschieden; Molkenbutter enthält in der Regel größere Flöckchen. Kristallbildungen finden sich in normaler Butter nicht vor, sie treten nur beim Erstarren geschmolzener Fette auf und kennzeichnen somit geschmolzene und wieder erstarrte Butter, das Butterschmalz (S. 19) und die aufgefrischte Butter (S. 26).

---

[1]) Österreichische Molkereizeitung, 1908, 15. Bd., S. 213.

D. Bakteriologische Untersuchung

Die bakteriologische Untersuchung der Butter bezweckt entweder die Kontrolle und Verbesserung des Molkereibetriebes oder den Nachweis pathogener Mikroorganismen. Im ersteren Falle werden die gewöhnlichen Agarnährböden mit 2% Milchzuckerzusatz, dann dieselben Nährböden mit Zusatz von präzipitiertem kohlensauren Kalk zum Nachweis der Milchsäurebakterien, ferner gewöhnliche Nährgelatine zum Nachweis der fluoreszenten und Coli-Aërogenesarten verwendet.

Schimmelpilze, Hefen und größere Bakterienkolonien lassen sich schon unter Umständen durch die einfache mikroskopische Untersuchung der vorsichtig geschmolzenen Butter erkennen. Ist eine nähere Prüfung erforderlich, so wird die Probe auf sterile Weise entnommen, bei 35 bis 40° C im Verdünnungsmittel, also in physiologischer Kochsalzlösung oder in verflüssigter Gelatine, geschmolzen und nach entsprechender weiterer Verdünnung in dem gewählten Nährboden verteilt. Die Beobachtung der Aussaaten muß bei Butter auf 10 bis 14 Tage ausgedehnt werden. Die Keimzahl beträgt gewöhnlich viele, im Mittel etwa 10 Millionen für 1 g. Die äußeren Schichten sind bedeutend reicher an Keimen als die inneren. Gesalzene Butter ist in der Regel keimärmer als ungesalzene; im allgemeinen steigt der Keimgehalt mit dem Gehalt der Butter an Milch und an Eiweißstoffen aus der Milch. In den ersten Tagen nach der Bereitung nimmt die Keimzahl stark zu, späterhin beobachtet man häufig wieder eine Abnahme. Von den Keimen entfällt der größte Teil, vielleicht 80 bis 90%, auf Milchsäurebakterien; ferner finden sich in großer Zahl Torula- und Mykodermaarten und fast immer Formen des Oidium lactis. Auch Aërogenesarten, Kartoffel- und Heubazillen und Bacillus (Bakterium) fluorescens liquefaciens sowie andere fluoreszente Arten sind gewöhnlich, neben Streptothrixarten und Schimmelpilzen, wie z. B. Cladosporium, Penicillium und Mucor. Die Milchsäurebakterien gehören zu den erwünschten und nützlichen Organismen; sie tragen naturgemäß zur Konservierung der Butter bei, weil sie das Wachstum der anderen Organismen behindern. Von den übrigen Organismen wirken nur vereinzelte günstig und zwar auf das Aroma der Butter ein; die meisten verschlechtern deren Geschmack, z. B. die Aërogenesarten, die Stallgeschmack erzeugen, der Kartoffelbazillus und die Schimmelpilze, von denen gewisse das Ranzigwerden der Butter verursachen. Letzteres bewirken besonders: Cladosporium, Oidium, Penicillium- und Streptothrixarten, gewisse Hefepilze, Bacillus fluorescens liquefaciens und andere Fluoreszenten, unter Umständen auch Bacillus prodigiosus. Nicht selten findet man auf der Oberfläche der Butter gelbe, orangerote, rote, blaue oder grüne Kolonien farbstoffbildender Mikroorganismen. Zur Erkennung von fettspaltenden und lipasenbildenden Bakterien ist die Anwendung des Verfahrens von *Eijkmann*[1]) zu empfehlen, bei dem man vor dem Ausgießen des Agars in die *Petri*-Schalen in diesen eine ganz feine Schichte keimfreien Rindertalges ausbreitet. Bei Ausscheidung von Lipase wird der Talg durch die gebildeten Fettseifen weiß und undurchsichtig. Butter, die aus gut pasteurisiertem, mit guten Reinkulturen angesäuertem Rahm hergestellt ist, zeigt hauptsächlich eine Flora von Milchsäurebakterien (Streptococcus cremoris), neben welchen gewöhnlich in größerer Zahl Torulaarten auftreten. Umgekehrt deutet eine bunte, mit verflüssigenden Bakterien, Coli- und Aërogenesbazillen oder mit Schimmelpilzen durchsetzte Flora auf mangelnde Reinlichkeit bei der Milch- und Rahmbehandlung.

Bezüglich der Krankheitsbakterien kann der Nachweis von Tuberkulosebakterien und Typhuskeimen notwendig werden.

Zum Nachweis der Tuberkulosebakterien wird die Butter bei 40^0 C geschmolzen, dann in einer Zentrifuge bei 3000 bis 3500 Umdrehungen in der Minute geschleudert. Vom fettfreien Bodensatz wird 1 ccm in die Muskulatur der inneren und hinteren Fläche des Hinterschenkels vom Meerschweinchen eingespritzt. Zuweilen sind schon nach 10 Tagen die nächstliegenden Lymphdrüsen stark vergrößert und die Tiere können dann bereits seziert werden. Säurefeste Stäbchen zeigen Tuberkulose an. Um das Fett gründlich zu entfernen, kann auch die Butter zuerst im Proberöhrchen, das man zu dreiviertel Teilen mit Wasser gefüllt, bei 50^0 C im Wasserbad geschmolzen werden. Das Proberöhrchen wird verstopft, kräftig geschüttelt, dann umgekehrt und in warmes Wasser gestellt, bis sich das Fett vollkommen abgeschieden hat, und hierauf auf Eis gestellt, bis das Fett erstarrt ist. Das Röhrchen wird dann umgedreht und das Waschwasser ausgeschleudert oder zum Absetzen in ein Spitzglas gegossen. Aus dem Bodensatz werden Deckglaspräparate angefertigt, die nach dem Fixieren einige Male mit Äther-Alkohol gewaschen und dann auf Tuberkulosebakterien gefärbt werden.

Die Typhusbakterien werden nach *Reitz*[2]) wie folgt nachgewiesen: 250 g der bei 25 bis 30^0 C geschmolzenen Butter werden in einen leicht angewärmten Kolben gebracht. Man mischt dann Lösung I von *Ficker-Hoffmann* (10 g Nutrose in 80 ccm sterilisiertem, destilliertem Wasser) mit Lösung II (5 g Koffein in 20 ccm sterilisiertem, destilliertem Wasser) und setzt diese Mischung der Butter zu. Zu der gut umgeschüttelten Masse werden 20 ccm von der Lösung III (0,10 g Kristall-Violett in 100 ccm sterilisiertem, destilliertem Wasser) zugesetzt. Das Ganze kommt hierauf 12 Stunden in den Brutschrank, worauf dann Endo-Platten gegossen werden.

---

[1]) Zentralblatt für Bakteriologie, Parasitenkunde und Infektionskrankheiten, 1901, Erste Abteilung, 29. Band, S. 841.
[2]) Zeitschrift für Bakteriologie und Parasitenkunde, II. Abteilung, 1906, 16. Bd., S. 819.

Ditthorn[1]) wendet auch Anreicherung mittels Galle unter wiederholtem Ausschütteln der Butter an und konnte auf diese Weise eine bedeutend längere Lebensdauer der Bakterien in Butter nachweisen, als bisher angenommen wurde.

4. Beurteilung

Gesundheitsschädlich sind: aus infizierter Milch (auf eine Erkrankung des Milchtieres oder auf eine Infektion von außen zurückzuführen) bereitete Butter und ebensolches Butterschmalz, wofern nicht die Ursache der Gesundheitsschädlichkeit durch geeignete Behandlung der Milch oder des Rahmes (Pasteurisierung bei 85–90 °C usw.) oder durch die Erhitzung beim Auslassen des Butterschmalzes behoben wurde, Butter und Butterschmalz, die nach ihrer Herstellung, sei es durch Berührung mit kranken Personen oder Lagern in Krankenstuben, sei es auf andere Art, mit Krankheitskeimen infiziert wurden, ferner mit unzulässigen Konservierungsmitteln (S. 26) oder verbotenen Farben (S. 37) versetzte Butter und ebensolches Butterschmalz und endlich in hohem Grade ranzige, übelriechende, verschimmelte, verschmutzte oder in anderer Art ekelerregende Butter (S. 24) und ebensolches Butterschmalz.

Verdorben ist fallweise Butter IV. Qualität (S. 25) und daraus bereitetes Butterschmalz oder ebensolche „aufgefrischte" Butter.

Verfälscht sind Butter und Butterschmalz, die mit fremden Fetten versetzt sind, Butter mit mehr als 3% Kochsalz und gesalzenes Butterschmalz (S. 21), Butter mit mehr als 18% Wasser (S. 26) und Butterschmalz mit mehr als 5% Wasser (S. 22), Butter, der zum Zwecke der Gewichtserhöhung Wasser (S. 26) zugesetzt worden ist und zwar auch dann, wenn der gestattete Höchstgehalt der Butter an Wasser nicht erreicht wird, ferner Butter und Butterschmalz, die einen oder mehrere der auf S. 26, Zeile 23, aufgezählten fremden Stoffe enthalten.

Falsch bezeichnet ist „Butter", ohne Kennzeichnung des Ursprungs, wenn sie keine reine Kuhbutter (S. 19), ferner als „Tischbutter", „Tafelbutter", „Eßbutter" u. dgl. oder als „Butter" schlechtweg in Verkehr gesetzte Butter, wenn sie nicht mindestens in die II. Qualität einzureihen ist (S. 23), „Butterschmalz" oder „Rindschmalz" schlechtweg, die nicht ausschließlich von reiner Kuhbutter stammen (S. 19), Teebutter, die in Wirklichkeit zur Butter II. oder III. Qualität gehört (S. 25), ferner an Orten, wo das Salzen der Butter nicht allgemein üblich ist, gesalzene Butter, die nicht ausdrücklich für gesalzen deklariert wird (S. 21), aufgefrischte Butter und ihre Mischungen mit nicht aufgefrischter Butter, die nicht als

---

[1]) Zeitschrift für Hygiene und Infektionskrankheiten, 1922, 95. Bd., S. 409.

„aufgefrischte" Ware (S. 26), endlich Butter aus Milch anderer Tiere, die ohne Angabe ihrer wahren Natur in den Verkehr gebracht wird (S. 27).

Außerdem ist noch zu beachten, daß die Vermischung von Butter oder Butterschmalz mit Oleomargarin, Margarine, Margarinschmalz oder anderen Speisefetten eine **Übertretung des § 3 des Margaringesetzes** darstellt (S. 44).

Bei der Abgabe von Gutachten dürfen überdies, wie schließlich noch bemerkt sei, die auf den Verkehr mit Butter bezüglichen besonderen gesetzlichen Bestimmungen (S. 19) nicht außer acht gelassen werden.

5. Regelung des Verkehrs

Den gesetzlich bereits festgelegten Grundsatz der tunlichsten räumlichen Trennung des Verkehrs mit Butter und Butterschmalz von dem mit anderen Speisefetten, regelt § 7 des Margaringesetzes (S. 44). Im Folgenden seien die wichtigsten sonstigen, den Verkehr mit Butter betreffenden sachlichen Gesichtspunkte erörtert:

A. Produktion. Milch, die zur Buttererzeugung dient, soll möglichst rein und hygienisch gewonnen und behandelt werden; nur bei der Fütterung ist, so lange nicht etwa darunter die Gesundheit der Tiere leidet oder die Gefahr droht, daß schlechte Geschmacks- und Geruchstoffe in die Butter übergehen, eine größere Freiheit zuzugestehen. Wo angängig, soll die Herstellung der Butter aus bei 85 bis 90° C oder durch eine halbe Stunde bei 63° C pasteurisiertem und dann mit guten Reinkulturen von Rahmsäuerungsbakterien (Streptococcus cremoris) angesäuertem Rahm erfolgen. Nur so gelingt es selbst unter ungünstigen Verhältnissen, wie z. B. bei Bezug von Milch aus verschiedenen Gehöften, eine einwandfreie und haltbare Butter zu erzielen. Nach dem Pasteurisieren wird der Rahm, damit die Butter die nötige Konsistenz bekommt, gewöhnlich auf etwa 5 bis 8° C abgekühlt und bei dieser Temperatur etwa 2 bis 5 Stunden lang belassen. Die Säuerung führt man zweckmäßig so, daß in 18 bis 20 Stunden 25 bis 30 Säuregrade erreicht sind. Die Buttermilch ist durch Waschen und Kneten sorgfältig zu entfernen; hierbei soll das Anfassen der Butter vermieden werden. Nicht ganz einwandfreies Wasser muß, wenn man es zum Butterwaschen verwenden will, vorher gut gekocht und dann gekühlt werden; ebenso ist sehr kalkreiches oder eisenhaltiges Wasser zu behandeln. Mit Eis soll die Butter nicht in unmittelbare Berührung kommen. Zum Einschlagen eignen sich nur gutes geruchloses Pergamentpapier oder ebensolches Zeresinpapier oder reine weiße Tücher; Papier wie Tücher sind trocken um die Butterstücke zu schlagen. Die Umhüllungen der zur Versendung bestimmten Ware sollen aus gutem, schimmelfreiem Holz, aus Pappe, aus gut verzinntem Blech oder aus einem anderen indifferenten Stoff bestehen.

B. Transport. Während des Transportes ist die Butter sowohl vor der Einwirkung großer Hitze als vor der großer Kälte zu schützen. Im Sommer erfolgt der Transport auf weitere Strecken am besten in eigenen Kühlwagen. Zur Isolierung beim Transport im Sommer soll nur ganz einwandfreies Material (z. B. gute Holzwolle) dienen. Buttersendungen dürfen nicht neben stark riechenden oder übelriechenden Waren verladen werden.

C. Lagerung. Bei der Lagerung ist die Butter vor Licht- und Luftzutritt, vor Infektion und vor der Einwirkung von starken und üblen Gerüchen zu schützen. Die Lagerräume sollen trocken und kühl und nicht dumpfig sein. Die zweckmäßigste Temperatur zur Aufbewahrung für gute Butter ist $+ 2$ bis 8^0 C, weil bei dieser Temperatur die Konsistenz der Butter nicht verändert wird und sich die konservierende Tätigkeit der Milchsäurebakterien erhält, wobei die Ware mindestens 5 Wochen lang gut bleibt. Als Dauerbutter (S. 22) darf man nur solche Butter in den Handel bringen, die aus gutem, pasteurisiertem und mit entsprechendem Säuerungsmaterial angesäuertem Rahm (S. 20) hergestellt ist; sie muß bei kühler Lagerung mindestens drei Monate genußfähig bleiben. Gefrorene Butter verliert an Aroma und wird leicht talgig und bröckelig; trotzdem läßt sich die Aufbewahrung schlecht oder nicht haltbarer Butter, oder wenn die Butter länger als drei Monate aufbewahrt werden soll, im Gefrierraum bei Temperaturen unter -2^0 C, bis zu -20^0 C, nicht umgehen.

D. Abgabe an die Konsumenten. Auch im Kleinhandel muß die Butter vor schädlicher Beeinflussung (starke Gerüche usw.), Verstaubung oder Verschmutzung ausreichend geschützt werden. Ausgeformte Butter sollte auf der Umhüllung neben der Firma oder Fabriksmarke auch die Gewichtsangabe tragen. Durch Verdunstung können Gewichtsverminderungen bis zu 3% vorkommen. Wenn eine Herkunftsbezeichnung bei der Butter angegeben ist, so muß diese den tatsächlichen Verhältnissen entsprechen. Die Verkaufsräume dürfen nicht gleichzeitig als Wohn- oder Schlafräume dienen. Beim Schneiden und Formen der Butter sind nur ganz reine Werkzeuge zu gebrauchen; die Verwendung von Messingdraht ist unzulässig.

Die im vorstehenden aufgestellten Grundsätze sind sinngemäß auch auf den Verkehr mit Butterschmalz anzuwenden.

6. Verwertung der beanstandeten Butter

Gesundheitsschädliche, verdorbene und verfälschte Waren dieser Gruppe sind, wenn es sich nicht um kleine Mengen handelt, die am besten vernichtet werden, der technischen Verwertung (Seifenfabrikation, Wagenschmiererzeugung u. dgl.) zuzuführen. Ausnahmen bilden: wegen zu großem Wassergehalt beanstandete Butter, leichter verschimmelte oder ranzige Butter und Butter, die durch farbstoffbildende Mikroorganismen verunreinigt ist; bei diesen Arten von Butter kommt die Verarbeitung auf Butterschmalz in Betracht. Falsch bezeichnete Butter und ebensolches Butterschmalz können unter richtiger Bezeichnung wieder in den Verkehr gelangen.

Experten: Kommerzialrat *Eduard Bloch* (Käsegroßhandlung und Käseerzeugung, Wien), Direktor *Otto Gutschmidt* (Aschbach), Direktor *Adolf Poppe* (Mank), *Rudolf Titsch* (Butter- und Eiergroßhandlung, Wien) und Kommerzialrat *Josef Wild* (Gebrüder Wild, Wien).

Anhang
(Auszug aus dem Margaringesetze.)

Das „Margaringesetz" vom 25. Oktober 1901, RGBl. Nr. 26 ex 1902, untersagt im § 3 das Inverkehrsetzen von „Vermischungen von Butter oder Butterschmalz mit Oleomargarin, Margarine, Margarinschmalz oder anderen Speisefetten" und im § 7 die Herstellung, die Aufbewahrung, die Verpackung und das Feilhalten von Oleomargarin, Margarine, Margarinschmalz oder Kunstspeisefett in Räumen, wo Butter oder Butterschmalz zum Verkaufe hergestellt, aufbewahrt oder verpackt werden. Von dem letzterwähnten Verbote ist der Kleinhandel ausgenommen, wenn gewisse, im § 7 festgelegte Voraussetzungen erfüllt sind. Fabriken, in denen Oleomargarin, Margarine oder Margarinschmalz, abweichend von den in § 3 und § 4, Absatz 1 enthaltenen Bestimmungen, erzeugt werden, dürfen nach § 11 des Gesetzes Butter oder Butterschmalz nicht feilhalten oder verkaufen. § 13 regelt die Befugnis der Aufsichtsorgane (§ 2 des Gesetzes vom 16. Jänner 1896, RGBl. Nr. 89 ex 1897) und der ihnen Gleichgestellten. Sie dürfen Räume, in denen Butter oder Butterschmalz erzeugt, aufbewahrt, verpackt oder feilgehalten wird, betreten und revidieren; auch steht es ihnen frei, daselbst Proben zu entnehmen. § 14 gibt der Regierung die bisher unbenutzt gebliebene Ermächtigung, „das gewerbsmäßige Verkaufen von Butter, deren Fettgehalt nicht eine bestimmte Grenze erreicht und deren Wasser- oder Salzgehalt eine bestimmte Grenze überschreitet, zu verbieten".

Der volle Wortlaut dieses Gesetzes ist in den Heften XI und XII, „Speisefette" und „Speiseöle", der 2. Aufl. des österr. Lebensmittelbuches abgedruckt, worauf hier verwiesen wird.

Verlag von Julius Springer / Berlin und Wien

Deutschlands Volksernährung. Zeitgemäße Betrachtungen. Von Geheimem Obermedizinalrat **Max Rubner**, Professor an der Universität Berlin. („Die Volksernährung", Heft 9.) 63 Seiten. 1930.   RM 1,50

Die Zersetzung und Haltbarmachung der Eier. Eine kritische Studie mit zahlreichen eigenen Untersuchungen. Von Professor Dr. **Alexander Kossowicz**, Privatdozent für Mykologie der Nahrungsmittelgewerbe an der Technischen Hochschule in Wien. V, 74 Seiten. 1913.   RM 4,—

Butter. Käse. Milchpräparate und Nebenprodukte. Bearbeitet von A. Burr-Kiel, K. J. Demeter-Weihenstephan/München, W. Grimmer-Königsberg i. Pr., F. Löhnis-Leipzig, O. Rahn-Ithaca, N. Y., F. Trendtel-Altona, H. Weigmann-Kiel. In Verbindung mit Walter Grimmer-Königsberg i. Pr. und Hermann Weigmann-Kiel, herausgegeben von Willibald Winkler-Wien. („Handbuch der Milchwirtschaft", Band II, 2. Hälfte.) Mit 74 Abbildungen. X, 470 Seiten. 1931.
RM 48,—; gebunden RM 51,—

Die Analyse der Milch und Milcherzeugnisse. Ein Leitfaden für die Praxis des Apothekers und Chemikers. Von Dr. **Kurt Teichert**, Direktor der Württembergischen Käserei-Versuchs- und Lehranstalt zu Wangen im Allgäu. Zweite, stark vermehrte und verbesserte Auflage. Mit 19 Textfiguren. VII, 81 Seiten. 1911.   Gebunden RM 2,40

Die bakteriologische und biologische Untersuchung der Milch und Milchprodukte. Von Professor Dr. **Paul Sommerfeld**, Abteilungs-Direktor am Städtischen Kaiser und Kaiserin Friedrich-Kinderkrankenhaus zu Berlin. (Ergänzungsheft zum „Handbuch der Milchkunde".) Mit 4 Abbildungen im Text. 37 Seiten. 1926.   RM 2,70

Milchwirtschaftliche Forschungen. Zeitschrift für Milchkunde und Milchwirtschaft einschließlich des gesamten Molkereiwesens. Im Auftrage des Reichskuratoriums für milchwirtschaftliche Forschungsanstalten und unter Mitwirkung von zahlreichen Fachleuten herausgegeben von Dr. **W. Grimmer**, Professor an der Universität Königsberg i. Pr.
Jährlich erscheinen 2 Bände zu je 6 einzeln berechneten Heften. (April 1931: 11. Band.) Preis des Bandes etwa RM 80,— bis RM 90,—.

Zeitschrift für Untersuchung der Lebensmittel. Fortsetzung der „Zeitschrift für Untersuchung der Nahrungs- und Genußmittel sowie der Gebrauchsgegenstände". Organ des Vereins Deutscher Nahrungsmittelchemiker. Unter dessen Mitwirkung herausgegeben von Dr. **A. Börner**, o. Professor für angewandte Chemie an der Universität, Direktor der Landwirtschaftlichen Versuchsstation Münster i. W., Dr. **A. Juckenack**, Geh. Reg.-Rat, Professor, Präsident i. R. der Landesanstalt für Lebensmittel-, Arzneimittel- und gerichtliche Chemie in Berlin, Dr. Ing. e. h., und Dr. **J. Pillmans**, o. Professor an der Universität, Direktor des Universitäts-Instituts für Nahrungsmittelchemie und des Städt. Untersuchungsamts in Frankfurt a. M.
Erscheint monatlich einmal mit der Beilage „Gesetz und Verordnungen sowie Gerichtsentscheidungen betreffend Lebensmittel". Der Jahrgang wird in zwei Bänden zu je 6 Heften zusammengefaßt. (April 1931: 61. Band.) Jeder Band (halbjährlich) RM 48,—; Einzelheft RM 10,—.
Den Mitgliedern des Vereins Deutscher Nahrungsmittelchemiker wird bei direktem Bezug von der Versandstelle des Verlages ein Vorzugspreis eingeräumt.

MIX
Papier aus verantwortungsvollen Quellen
Paper from responsible sources
FSC® C105338

If you have any concerns about our products,
you can contact us on
ProductSafety@springernature.com

In case Publisher is established outside the EU,
the EU authorized representative is:
**Springer Nature Customer Service Center GmbH
Europaplatz 3, 69115 Heidelberg, Germany**

Printed by Libri Plureos GmbH
in Hamburg, Germany